人人都是**设计师**

零基础学
交互设计

胡雪梅 编著

清华大学出版社
北京

内容简介

交互设计可以拓展 UI 的空间内容，简化引导流程，降低 UI 操作的学习成本，更重要的是能够给用户带来意想不到的惊喜，它就像人类的肢体语言，通过肢体语言传达更多的抽象信息和性格展现。

本书共分为 5 章，图文并茂、循序渐进地讲解交互设计的流程、交互动画效果与 UI 设计的关系、UI 布局、UI 中各种元素的交互设计方法和技巧，并且通过交互动画效果案例的制作讲解，使读者能够轻松掌握交互动画效果的制作方法和技巧，全面提升交互设计水平，真正达到学以致用的目的。另外，本书还赠送所有案例的素材、微视频及配套 PPT 课件，方便读者借鉴和使用。

本书适合准备学习或正在学习交互设计的初中级读者，也可供各类在职设计人员在实际 UI 设计工作中参考。

图书在版编目（CIP）数据

零基础学交互设计 / 胡雪梅编著. —北京：清华大学出版社，2020.4

（人人都是设计师）

ISBN 978-7-302-55067-9

Ⅰ.①零…　Ⅱ.①胡…　Ⅲ.①人机界面—程序设计　Ⅳ.①TP311.1

中国版本图书馆CIP数据核字（2020）第039400号

责任编辑： 张　敏
封面设计： 杨玉兰
责任校对： 胡伟民
责任印制： 宋　林

出版发行： 清华大学出版社
　　　　　　网　　　址： http://www.tup.com.cn，http://www.wqbook.com
　　　　　　地　　　址： 北京清华大学学研大厦A座　　　　**邮　　编：** 100084
　　　　　　社 总 机： 010-62770175　　　　　　　　　　　**邮　　购：** 010-62786544
　　　　　　投稿与读者服务： 010-62776969，c-service@tup.tsinghua.edu.cn
　　　　　　质量反馈： 010-62772015，zhiliang@tup.tsinghua.edu.cn
印 装 者： 涿州汇美亿浓印刷有限公司
经　　销： 全国新华书店
开　　本： 170mm×240mm　　　　**印　　张：** 11.75　　**字　　数：** 275千字
版　　次： 2020年7月第1版　　　　**印　　次：** 2020年7月第1次印刷
定　　价： 69.80元

产品编号：085858-01

前言

从用户角度来说，交互设计本质上是一种如何让产品易用、有效且让人愉悦的技术，它致力于了解目标用户和他们的期望，了解用户在同产品交互时彼此的行为，了解"人"本身的心理和行为特点。在用户与产品交互过程中加入动画效果的视觉反馈设计，能够有效提升用户的交互体验，并且在 UI 交互设计中为产品加入适当的动画效果设计，这已经成为新的发展趋势。

本书紧跟移动交互设计的发展趋势，向读者详细介绍 UI 交互设计的相关知识，讲解目前流行的交互动画效果设计制作，通过基础知识与实战操作相结合的方式，使读者在理解交互设计的基础上能够在 UI 设计中灵活应用交互设计，并且能够在 UI 中实现各种不同的交互动画效果，真正做到学以致用。

本书内容

本书共分为 5 章，采用基础知识与案例分析相结合的方式，由浅入深地对 UI 交互设计知识进行讲解，帮助读者在了解 UI 交互设计知识的同时将这些知识合理运用于实际的 UI 设计中，使读者完成从基本概念的理解到操作方法与技巧的掌握。

第 1 章　交互设计概述，主要向读者介绍有关交互设计的相关基础知识，使读者对交互设计的概念、交互设计的基本内容、交互设计的流程等有更加全面深入的理解。

第 2 章　交互动画效果基础，主要向读者介绍有关交互动画效果的相关基础知识，使读者能够深入理解交互动画效果，并通过交互动画效果案例的制作，熟悉并掌握交互动画效果的制作和表现方法。

第 3 章　UI 元素的交互设计，主要向读者介绍 UI 交互设计的细节与表现方式，使读者能够理解并掌握 UI 中不同元素的交互表现形式，从而有效地提升 UI 的交互体验。

第 4 章　UI 的交互设计，通过对 UI 布局形式、界面的平面构成等相关内容的介绍，有效提升产品 UI 的可用性，并且对于 UI 交互设计的表现方式以及特点进行讲解。

第 5 章　UI 中常见交互动画效果的设计，主要向读者介绍 UI 中常见交互动画效果的表现形式和方法，并通过案例的制作使读者掌握 UI 交互动画效果的制作方法。

本书特点

本书通俗易懂、内容丰富、版式新颖、实用性强，几乎涵盖了交互设计的各方面知识，通过学习交互设计的理论基础，并且掌握交互动画效果的设计制作，以及如何在 UI 中适当使用交互动画效果，从而使 UI 具有良好的用户体验，以及更出色的用户感染力。

PPT 课件

读者扫描左方二维码，可获取本书配套教学 PPT 课件。

本书适合准备学习或者正在学习交互设计的初中级读者。本书充分考虑到初学者可能遇到的困难，讲解全面深入，结构安排循序渐进，使读者在掌握知识要点后能够有效总结，并通过实例分析巩固所学知识，提高学习效率。

由于时间较为仓促，书中难免有疏漏之处，敬请读者批评、指正。

编　者

目 录

第1章
交互设计概述

本章主要内容

　　进入信息化时代，多媒体技术的运用使得交互设计更加多元化，多学科各角度的剖析让交互设计理论更加丰富，现在基于交互设计的互联网产品越来越多地投入市场，而很多新的互联网产品也大量吸收了交互设计的理论，使产品能够给用户带来更好的用户体验。

　　本章主要向读者介绍有关交互设计的相关基础知识，使读者对交互设计的概念、交互设计的基本内容、交互设计的流程等有更加全面深入的理解。

1.1 了解交互设计

有人的地方就存在交互，交互这个行为的产生是和人紧密相关的。交互设计（Interaction Design）最初作为应用哲学的一个分支，从人类诞生之初就产生了，人和人之间、人和物之间都可以产生交互行为。

▶ 1.1.1 交互与交互设计

交互，即交流互动，其实这个词语离人们的日常生活很近，例如，人们在大街上遇到熟人打个招呼，简单的几句话，搭配眼神和动作，向对方传递礼貌、亲近等诸多含义，这就可以理解为人与人之间的交互。

那么，人和机器之间的交互是什么样的呢？举个例子，如果用户想解锁一个手机，用户与手机的交互可能是下面这样的场景：

——按手机上的 Home 键（嗨，手机，好久不见）。

——手机屏幕亮了，但需要输入解锁密码（你好，是老王来了吗）。

——输入密码（是的）。

——手机解锁成功，进入主界面。

通过上面人与手机交互的场景，可以这样理解交互：当人和一件事物（无论是人、机器、系统、环境等）发生双向的信息交流和互动时，就产生了交互行为。

图 1-1 所示是一个网站用户登录表单的交互设计示例，当用户在登录框中输入的信息是正确或错误时，登录表单会给用户相应的反馈，特别是当用户所输入的信息是错误时，登录表单便会根据错误的类型给用户相应的信息提示，这种人与界面之间有信息的交流，就是一个交互。

图 1-1　网站用户登录表单的交互设计示例

交互设计，又称互动设计，是指设计人与产品或服务互动的一种机制。交互设计在于定义产品（软件、移动设备、人造环境、服务、可穿戴设备以及系统的组织结构等）在特定场景下反应方式相关的界面，通过对界面和行为进行交互设计，让用户使用设置好的步骤来完成目标，这就是交互设计的目的。

　　从用户角度来说，交互设计是一种让产品易用、有效并让人愉悦的技术，它致力于了解目标用户和他们的期望，了解用户在同产品交互时彼此的行为，了解"人"本身的心理和行为特点，同时还包括了解各种有效的交互方式，并对它们进行增强和扩充。交互设计还涉及多个学科，以及和交互设计领域人员的沟通。

　　图 1-2 所示是一个果汁饮料产品宣传网站的交互设计示例，在页面中，中间位置显示出相应的交互操作提示，提示用户通过拖动鼠标指针在网站中进行交互操作，单击产品本身则会显示该产品的相关介绍信息。采用交互操作的方式提供商

图 1-2　产品宣传网站的交互设计示例

品宣传展示，可以有效地增强用户与产品之间的互动，使用户得到一种愉悦感。

　　本书所介绍的是在互联网中的交互设计，主要是人与互联网产品（网站、移动App、智能穿戴设备等）的交互行为的设计。

　　图 1-3 所示是一个影视类 App 的交互设计示例，当用户在界面中滑动切换所显示的影视海报图片时，会采用动画的方式表现交互效果，给用户带来较强的视觉动感，也为用户在 App 中的操作增添了乐趣。

图 1-3　影视类 App 的交互设计示例

▶ 1.1.2　交互设计师

　　许多人理解的交互设计师就是画流程图、线框图，其实这种看法非常片面，因为流程图和线框图确实是交互设计的一种表现方式，但其忽略了这些可视化产物之外，设计师所进行的思考工作。

图 1-4 所示简单描述了交互设计师的相关工作。

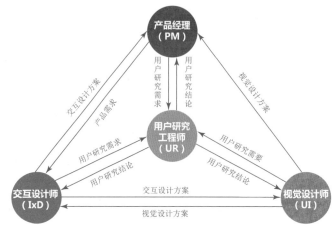

图 1-4　交互设计师的相关工作

1. 产品经理

产品经理（PM）负责产品的需求收集、整理、归纳、深入挖掘，组织人员进行需求讨论和产品规划，与 UI 设计师、交互设计师、开发人员、运营人员沟通，并推进、跟踪产品开发到上线，再根据运营人员收集的用户反馈、需求，进行下一版本的开发、迭代。

2. 用户研究工程师

用户研究工程师（UR）负责产品的问卷调查，用户需求反馈，收集大量的用户反馈数据，不断完善自己的产品，给用户带来更好的体验。用户研究工程师在大型互联网公司才会有这个职位，很多小公司是没有的。

3. 交互设计师

在出现软件图形界面之前，长期以来 UI 设计师就是指交互设计师（IxD）。一个产品在进行编码设计之前需要做的工作就是交互设计，并且确定交互模型和交互规范。

交互设计师主要负责对产品进行行为设计和界面设计。行为设计是指用户在产品中进行各种操作后的效果设计；界面设计包括界面布局、内容展示等众多界面展现方式的设计。

4. 视觉设计师

目前，国内大部分的 UI 设计者都是从事研究界面的图形设计师，也有人称之为"美工"，但实际上并不是单纯意义上的美术人员，而是软件产品的外形设计师。

视觉设计师（UI）需要基于对产品设计需求的良好理解能力，完成需要的视觉设计提案。团队协作设定产品的整体界面视觉风格与创意规划，视觉设计师基于概念设计配合团队高效地开展系统化的详细视觉设计。

☆ 提示

在产品初期，最先要解决的是"有没有"的问题，其次才是"好不好"的问题，而用户研究工程师和交互设计师解决的正是"好不好"的问题。所以很多创业公司和小型公司都会对相关职位进行精简，首先被精简掉的一般来说是用户研究工程师的职位，其次是交互设计师，很多公司由产品经理或视觉设计师兼做交互设计的工作。

▶ 1.1.3 交互设计的内容

如果说产品的 UI 设计是"形"，那么交互设计就是"法"，"形"与"法"的相互融合就在于提升产品的用户体验。在进行产品的交互设计时需要考虑的因素很多，绝对不是随便在界面中放一些内容和控件那么简单。

1. 确定需要这个功能

当看到策划文案中的一个功能时，要确定该功能是否需要，有没有更好的形式将其融入其他功能中，直至确定必须保留。

2. 选择最好的表现形式

不同的表现形式会直接影响用户与界面的交互效果。例如，对于提问功能，必须使用文本框吗？单选列表框或下拉列表是否可行？是否可以使用滑块？

3. 设定功能的大致轮廓

一个功能在页面中的位置、大小可以决定其内容是否被遮盖、是否滚动，既节省屏幕空间，又不会给用户造成输入前的心理压力。

4. 选择适当的交互方式

针对不同的功能选择恰当的交互方式，有助于提升整个设计的品质。例如，对于一个文本框来说，是否添加辅助输入和自动完成功能、数据采用何种对齐方式、选中文本框中的内容是否显示插入光标等内容都是交互设计需要考虑的。

图 1-5 所示为一款电商 App 界面的交互设计示例，当用户单击某个商品图片后，该商品图片会逐渐放大过渡到该商品的详细介绍界面中；当单击界面左上角的"返回"按钮时，商品图片会逐渐缩小过渡到上一级界面中，这是一种非常自然的转场交互效果。

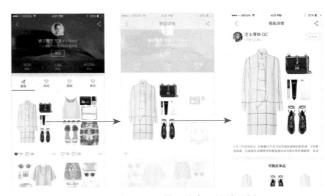

图 1-5 电商 App 界面的交互设计示例

▶ 1.1.4　交互设计需要遵循的习惯

在进行交互设计时，可以充分发挥个人的想象力，使界面在方便操作的前提下更加丰富美观。但是无论怎么设计，都要遵循用户的一些习惯，例如，地域文化、操作习惯等，将自己化身为用户，找到用户的习惯是非常重要的。

接下来分析哪些方面需要遵循用户的习惯。

1. 遵循用户的文化背景

一个群体或民族的习惯是需要遵循的，如果违反了这种习惯，不但产品不会被接受，还可能使产品形象大打折扣。

2. 用户群的人体机能

不同用户群的人体机能也不相同，例如，老人一般视力下降，需要较大的字号和较粗的字体；盲人看不到东西，需要在触觉和听觉上着重设计。不考虑用户群的特定需求，任何一款产品都注定会失败。

3. 坚持以用户为中心

设计师设计出来的产品通常是被其他人使用的，所以在设计时，要坚持以用户为中心，充分考虑用户的要求，而不是以设计师本人的喜好为主，要将自己模拟为用户，融入整个产品设计中，摒弃个人的一切想法，这样才可以设计出被广大用户接受的产品。

4. 遵循用户的浏览习惯

用户在浏览产品界面的过程中，通常都会形成一种特定的浏览习惯。例如，首先会横向浏览，然后下移一段距离后再次横向浏览，最后会在界面的左侧快速纵向浏览。这种已形成的浏览习惯一般不会更改，设计师在设计时最好先遵循用户的习惯，然后再从细节上进行超越。

图 1-6 所示为移动 App 中常见的气泡信息表现形式，越来越多的 App 开始使用对话框或者气泡的设计形式来呈现信息，这种设计形式可以很好地避免打断用户的操作，并且更加符合用户的行为习惯。

图 1-6　遵循用户习惯的信息呈现方式

1.2 交互设计的基本流程

有些人对交互设计存在一定的误解，认为"交互设计就是画线框、画流程图，只需要使用软件制作出界面的控件布局和跳转链接就可以了"。而事实上，完整的交互设计包括用户需求分析、信息架构搭建、交互原型设计及交互文档输出等一系列流程。

交互设计师通常关注的是产品的设计实现层面，即如何解决问题。解决问题的过程并非一蹴而就，其输出物也不是只有一个设计方案。需要通过分析得到解决方案，也需要对应的衡量指标、预期要达到怎样的效果。

图 1-7 所示为常见的交互设计基本流程，如果忽略了前期的需求分析、信息架构设计等核心步骤，直接进入产品原型设计阶段，那么这样一个缺乏严谨分析过程、缺乏设计目标指导的方案，就不可能是一个出色的产品交互设计方案。

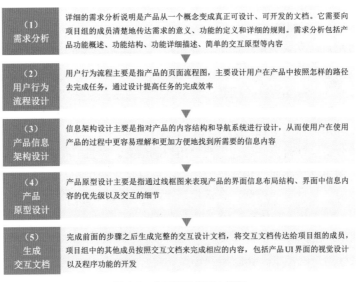

图 1-7 交互设计的基本流程

▶ 1.2.1 产品需求分析

需求分析是产品交互设计的第一步，那么需求从何而来呢？

产品需求通常有两种来源，即主动需求和被动需求，如图 1-8 所示。

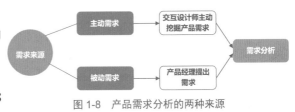

图 1-8 产品需求分析的两种来源

主动需求，即交互设计师主动挖掘产品需求，通过数据分析、用户调研、收集用户反馈、可用性测试等手段，挖掘出产品需求。在与产品经理沟通、确认过后，通过需求分析的过程，提炼出设计目标，进而输出解决方案。

被动需求，即产品经理提出产品需求，设计师需要与产品经理沟通，确认需求的可行性，然后通过需求分析的过程，提炼出设计目标，进而输出解决方案。

需求分析的路径主要可以分为 4 个阶段，分别是业务需求分析、用户需求分析、确认用户目标、提炼设计目标。

1. 业务需求分析

业务需求分析描述的是如何解决用户的痛点、问题，满足用户的要求，并从中实现商业目的。业务需求强调方案设计的阶段性成果和最根本的动机，由业务目标和业务目的构成。

2. 用户需求分析

用户为什么要使用我们的产品？必然是因为该产品满足了用户的某些需求，或者为用户解决了某些问题。

- 目标用户：需要确定产品的目标用户。产品满足的是目标用户的需求，我们分析的也是目标用户的需求。
- 用户画像：通过访谈、问卷、现场观察等方法来获取一些真实用户的信息、特征、需求，并抽象提炼出一组典型的用户描述，用以帮助我们分析用户需求和用户体验目标。
- 场景分析：结合用户画像中典型用户的信息、特征、需求，可以构建典型用户的使用场景。通过构建用户场景，可以发现典型用户在场景中的思考过程和行为，并且可以得知，在该场景下，理想的使用体验是怎样的，为分析整理用户需求和体验目标提供了重要依据。

3. 确认用户目标

结合目标用户的特征、典型用户场景、用户行为，分析得出用户需求和用户体验目标。

下面以注册功能为例，介绍如何获取用户体验目标，见表 1-1。

表 1-1　获取用户体验目标

用户需求	用户场景	用户行为	用户体验目标	衡量指标
流畅的注册流程	首次使用本产品	填写用户注册信息并提交信息	快速地了解开始体验产品	注册用户数量

4. 提炼设计目标

客户端产品，通常采用创造动机、排除担忧、解决障碍这三大关键因素分解法提炼设计目标。

- 动机：用户使用产品前的动机（可以满足用户什么需求）。
- 担忧：用户使用产品前可能面临的担忧。
- 障碍：用户在使用过程中可能面对的障碍。

通过对业务目标和用户体验目标的分析，得到用户的动机、担忧、障碍等关键因素，并针对每个小的因素给出解决方案，即提炼得出设计目标。

▶ 1.2.2 用户行为流程的分类

交互设计中的用户行为流程可以分为 3 种，渐进式、往复式和随机式。

1. 渐进式

当用户为了完成某种任务时才会产生行为，所以可以从任务的角度去思考行为。当用户使用产品时具有明确的任务，例如，"使用京东 App 购买一部 iPhone 8 手机"，这是一个非常明确的任务，用户的行为流程是：打开京东 App → 搜索 iPhone 8 → 浏览搜索结果→ 选择自营 iPhone 8 → 浏览商品详情页面 → 加入购物车 → 进入购物车 → 付款。该用户行为流程是线性的，既渐进式的，任务很明确时的行为流程称为渐进式的用户行为流程。

2. 往复式

若任务变成用户想购买一部手机，但还不确定具体的品牌型号，这个时候的任务是模糊的。用户会在搜索页面和产品详情页面之间来回切换，以便进行对比从而找到合适的手机。这时用户的行为流程是：打开京东 App → 搜索手机产品 → 浏览搜索结果 → 查看商品详情 → 返回搜索结果页 → 继续查看其他商品详情，直到找到心仪的手机并完成付款，或者没有找到心仪的产品放弃任务。这种来回切换页面，对比信息的行为流程特点是往复式，即任务相对模糊时的用户行为流程是往复式的。

3. 随机式

试想一下，用户有没有不想买什么东西，只是想打开购物 App 逛逛的时候？相信很多人都有这样的情况。再想想这个时候用户会干嘛？打开购物 App，在各个页面寻找自己感兴趣的商品，几乎没有规律，看到哪儿就点到哪儿，不停地浏览。这时候的用户行为流程就是随机式的。

> ☆ 提示
>
> 上面通过购物 App 来说明用户行为流程的 3 种模式，其实这 3 种模式也适用于其他 App 的应用。大家可以拿自己平时常用的 App 去思考一下，自己是为了完成哪些任务，完成相应的任务时所使用的行为模式是哪种？这样会让用户更加深入地理解产品用户行为路径。

▶ **1.2.3　产品信息架构**

当一个产品需要帮助其用户更好地从大量数据中获取信息时，就需要考虑信息架构了。越是以信息查询、获取、消费、生产等为核心业务的产品，信息架构越显得重要。所以，现如今大部分的内容型产品、社区、电商 App 等，都需要考虑信息架构的问题。

产品信息架构设计的本质其实就是分类，当我们有意识地对产品的功能和信息内容进行分类时，其实已经开始作信息架构设计了，那怎么进行分类呢，通常我们需要考虑以下 4 个方面的因素。

1. 考虑功能的相似性

通过分类把有相似性质的功能放在一起，然后以大的类别为基础作为产品的主框架，以小的类别作为子框架进行补充，这样就形成了整个产品框架。

在微信 App 中，所有的消息类信息内容都放置在"微信"栏目中，而所有探索性质的功能，如"扫一扫""朋友圈"等，都放置在"发现"栏目中，如图 1-9 所示。

在电商 App 中，对于商品的分类更加细致，从商品的大类到商品的二级分类，再到商品的三级分类，这样的细致分类使用户更容易找到合适的目标商品，如图 1-10 所示。

图 1-9　"微信"中的信息分类

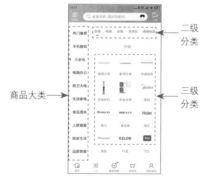

图 1-10　电商 App 中的商品分类

2. 考虑功能和功能之间的关系

产品功能之间的关系一般有并列、包含、互斥等关系，如果是包含的关系就可以纵向进行信息架构，比如买东西的时候，挑选、下单、支付、邮寄之间就是上下游包含的关系，要邮寄必须得先支付，要支付必须先下单，要下单必须先要经过挑选。如果是并列的，两个功能之间就没有关系，那就可以考虑横向地进行信息架构。

图 1-11 所示为一款在线购票 App，界面底部的各栏目就属于并列关系，各栏目之间并没有什么关系，属于横向信息架构，例如，在"电影"栏目中用户可以选择购买当前正在上映的电影票，而在"演出"栏目中用户则可以购买演唱会、话剧等

演出票，这样的栏目划分非常清晰。而如果用户需要购买电影或者演出票，那么购票的相关功能，例如，选择电影、选择影院、选择场次、选择座位、支付等，这些功能属于包含关系，属于纵向信息架构。

图 1-11　在线购票 App 中的信息架构

3. 考虑功能的使用频率

用户使用某个功能的频率越高，说明这个功能越重要，越要把这个功能放在最容易触及的地方。在进行信息架构的时候，优先考虑以这个功能为核心进行架构。

对于综合性电商 App 来说，搜索功能肯定是该类 App 的核心功能之一，也是使用频率非常高的功能，所以在电商 App 的界面设计中，通常将搜索栏放置在界面顶部显眼的位置，从而突出表现，如图 1-12 所示。

对于共享单车来说，"扫码用车"是整个 App 中使用频率最高的功能，也是该 App 的核心功能，所以在共享单车 App 中需要重点突出"扫码用车"功能的表现，如图 1-13 所示。

图 1-12　电商 App 中突出搜索功能　　　图 1-13　共享单车 App 突出扫码用车功能

4. 系统的扩展性

产品从无到有，产品功能也是不断增加完善的，在刚开始进行产品信息架构设计的时候，并不清楚未来会增加什么功能，但是要做好增加了功能，不会使系统推翻重新再来的准备，这就要求在设计产品信息架构时，考虑系统以后的扩展性。

☆ 提示

信息架构是在符合设计目标，满足用户需求的前提下，将信息条理化，不管采用何种原则组织分类信息，重要的是要能够反映出用户的需求。通常，在一个信息架构合理的交互网站中，用户不会刻意注意到信息组织的方式，只有在他们找不到所需要的信息或者在寻找信息时出现困惑了，才会注意到信息架构的不合理性。

▶ 1.2.4 产品原型设计

通过用户调研、竞品分析确定产品功能需求范围后，制作产品原型有很重要的意义。原型是一种让用户提前体验产品、交流设计构想、展示复杂系统的方式。就本质而言，原型是一种沟通工具。

线框图描绘的是页面功能结构，它不是设计稿，也不代表最终布局，线框图所展示的布局，最主要的作用是描述功能与内容的逻辑关系。

产品原型是用于表达产品功能和内容的示意图。一份完整的产品原型要能够清楚地交代：产品包括哪些功能、内容；产品分为几个页面，功能、内容在界面中如何布局；用户行为流程的具体交互细节如何设计等。原型图是最终系统地代表模型或者模拟，比线框图更加真实、细致。图 1-14 所示为移动应用产品的线框图和原型图设计。

原型设计的核心目的在于测试产品，没有哪一家互联网公司可以不经过测试，就直接上产品或服务。产品原型在识别问题、减少风险、节省成本等方面有着不可替代的价值。

（a）产品线框图

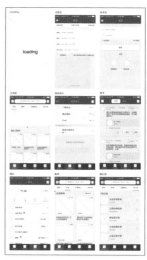

（b）产品原型图

图 1-14　移动应用产品的线框图和原型图设计

1.3　产品交互行为流程设计原则

用户行为是指用户与特定产品交互的方式。在需求正确的情况下，目标用户依然觉得所开发的产品不好用，多半是用户完成某任务时行为流程遇到问题。这些问题可能是不符合用户心理模型、行为路径过长并很烦琐、支线任务太多干扰到主线任务等。

▶ 1.3.1　减少用户行为数量

在产品的交互行为流程设计过程中，要尽量减少用户完成某项任务时所要经历的流程数量，从而尽可能快地达到任务目的，为用户带来便捷的操作体验。

例如，在地图导航类的产品设计中，起始地点的默认值为"我的位置"，产品通过给出默认值的形式，省略了用户输入起始地点的行为，而不是每次都让用户手动输入起始地点。当输入地址时，会使用下拉列表的形式将联想搜索结果展现出来，用户不需要输入完整的地址内容就可以在下拉列表中选择目标地点。这样的设计，都能够有效减少用户行为数量，如图 1-15 所示。

例如，在电商类 App 界面设计中，在每个商品列表界面中都为用户提供搜索功能，方便用户快速地查找需要的商品，这样的设计也能够有效减少用户行为数量，如图 1-16 所示。

图 1-15　地图导航类产品的交互行为流程设计　　图 1-16　电商类产品的交互行为流程设计

▶ 1.3.2　为用户行为设计及时反馈

交互就是人和产品系统进行互动的过程，当用户通过点击、滑动、输入等操作方式告诉系统正在执行的操作时，系统也应该通过动态表现、切换界面、弹出信息提示等形式来反馈用户的行为。

用户打开 App 界面时，如果当前的网络情况不佳，就应该及时给用户相应的反馈信息，避免用户的长时间等待，如图 1-17 所示。

图 1-18 所示为某 App 的列表界面交互设计，当用户在列表中单击某个列表选项时，该列表选项的背景会产生从中心向四周的扩展动画效果，从而来反馈用户当前的点击操作。

图 1-17　及时的错误信息反馈

图 1-18　信息被点击后的及时操作反馈

▶ 1.3.3　降低用户行为难度

在产品交互设计中，使用选择项代替文本输入；使用指纹来代替密码输入；使用第三方登录来代替邮箱登录；将操作区域放置在拇指热区；将可点击区域做得比图标更大；使用滑动操作代替点击操作等，这些都是为了降低用户的行为难度，方便用户在使用产品时更快的达成目标。

例如，许多产品的登录界面都提供了使用第三方账号登录的功能，如图 1-19 所示，这些第三方账号通常都是拥有庞大用户量的社交软件账号，这样可以方便用户的快速登录，避免用户的注册过程。

图 1-20 所示为"微信"的指纹支付功能，传统的支付方式都是需要输入支付密码，而指纹支付只需要验证指纹即可，省略了输入支付密码的操作，更加方便。

图 1-19　第三方账号登录功能

图 1-20　"微信"的指纹支付功能

▶ 1.3.4　减少用户等待时间

当用户做出某个行为时，总是希望得到及时的回应，如果等待时间过长，很容易出现焦躁的情绪，从而放弃任务，影响产品的用户体验。但是现实中，由于硬件性能、网络情况、技术原因难免会出现反应时间过长，这个时候可以通过异步处理和预加载的机制去减少等待时间，实在减少不了的，可以用有趣的动画等形式，减少用户等待过程中的负面情绪。

　　图 1-21 所示为一款移动 App 的加载动画效果设计，很好地将该移动应用的 Logo 与加载动画效果相结合，
通过该圆形 Logo 的背景的顺时针旋转动画效果来表现界面的加载，既起到了反馈的作用，又能够使用户加深对该应用 Logo 的印象。

图 1-21　界面内容加载动画效果

▶ 1.3.5　不轻易中断用户行为

　　用户在使用产品的过程中，突然弹出个临时对话框，提示软件更新或者让用户去应用商店评价软件，此时用户应该会比较抓狂。如果一定要通过临时对话框提示用户去执行某个操作，一定要选择一个合适的时机，如将软件更新的提示放在打开 App 的时候。

　　例如，将软件更新提示放置在刚打开 App 的时候，此时用户并没有开始执行某个任务，所以不存在中断任务流程的说法。用户可以选择更新软件，或者跳过更新软件继续执行相应的任务，如图 1-22 所示。

　　如果只是提示用户，并不需要用户执行某个操作时，可以用消息提示框的形式来代替对话框，即告知了用户，也没有中断用户行为，如图 1-23 所示。

图 1-22　软件更新提示

使用消息提示框，很好地提示了用户当前有新的消息，但是又不会中断用户当前的行为

图 1-23　收到新消息提示

1.4 移动与网站 UI 的交互差异

Web 网站和移动 App 的设计，前者依托桌面 PC 浏览器，后者则依托手机等移动设备。不同的平台均有各自的特点，以至于在设计这两类产品时也存在一些差异。本节将从交互设计的角度，讲解 Web 网站和移动 App 在交互设计上的不同以及需要考虑的设计要点，见表 1-2 ～表 1-6。

▶ **1.4.1 设备尺寸不同**

表 1-2　Web 网站与移动 App 的设备尺寸区别

Web 网站	移动 App
PC 端显示器分辨率较高，但是不同的 PC 显示器分辨率不同，并且浏览器窗口还可以进行缩放操作	移动设备的尺寸相对较小，不同移动设备的分辨率差异较大，并且移动设备支持横屏和竖屏的方向切换

设计要点：

（1）移动设备的屏幕尺寸较小，一屏能够展示的内容有限，更需要明确界面中信息内容的重要性和优先级，优先极高的重要内容突出展示、次要内容适当使用"隐藏"的方式。

（2）因为移动设备的分辨率差异较大，所以移动 App 在界面布局、图片、文字的显示上，需要兼顾不同移动设备中的显示效果，这就要求设计师与开发人员共同配合做好适配工作。

（3）因为移动设备支持横屏、竖屏的自由切换，所以在设计移动 App 时（特别是游戏、视频播放等），需要考虑用户是否有"切换手持方向"的需求，哪些情况下切换屏幕方向，界面内容如何进行切换展示等。

（4）Web 网站因为显示器分辨率差异较大，并且浏览器窗口尺寸可变化，设计时需要考虑好不同分辨率的页面内容展示和布局。也因为这一点，使用移动设备来浏览 Web 网站的需求越来越多，近几年响应式设计更为普遍。

图 1-24 所示为一个移动端备忘记事 App 的界面设计示例，使用不同的颜色来表现不同类型的事件记录，界面表现清晰而简洁，将相应的记录功能操作选项都隐藏在界面底部的"加号"图标当中，当用户点击该图标的时候，以弹出窗口的形式显示相应的隐藏选项，非常方便，有效区分了界面中信息内容的重要性和优选级。

图 1-25 所示为响应式的网站设计示例，随着移动互联网的发展，各种智能移动设备越来越多，而所设计的网站能够适应在不同的设备中进行浏览已经成为一种必须具备的标准，并且需要考虑到当用户使用不同的设备浏览网站时都想得到良好的体验，这样才是一个用户体验良好的网站。

图 1-24　移动 App 界面设计示例

图 1-25　响应式网站设计示例

1.4.2　交互方式不同

表 1-3　Web 网站与移动 App 的交互方式区别

Web 网站	移动 App
使用鼠标或触摸板作为交互操作媒介，多采用左键点击的操作，也支持鼠标滑过、鼠标右键等操作方式	使用手指触控移动设备屏幕进行交互操作，除了通用的点击操作之外，还支持滑动、捏合等各种复杂的手势

设计要点：

（1）相比鼠标，手指触摸范围更大，较难精确控制点击位置，所以 App 界面中的点击区域要设置得更大一些，不同点击元素之间的间隔也不能太近。

（2）移动 App 支持丰富的手势操作，例如，通过左滑选项，可以显示出该选项的"删除""取消关注"等相关选项，这种操作方式的特点是快捷高效，但是对于初学者来说有一定的学习成本。在合理设计快捷操作方式的同时，还需要支持最通用的点击方式来完成任务的操作流程。

图 1-26 所示的移动 App 交互设计示例，在界面上半部分的图片列表中，可以通过左右滑动的方式来切换作品图片的显示，并且在作品图片切换过程中，会表现出三维空间的效果，当用户单击某个作品图片时，界面中其他内容会逐渐淡出，该作品图片会在当前位置逐渐放大填充界面的上半部分，在界面下半部分淡入该作品的相关介绍信息内容，界面的过渡转场效果非常自然、流畅，为用户带来良好的浏览体验。

（3）移动 App 以单手操作为主，界面上的重要元素需要在用户单手点击范围之内，或者提供快捷的手势操作。

（4）网站支持鼠标滑过的效果，网站中的一些提示信息通常采用鼠标滑过展开 / 收起的交互方式，但是移动 App 界面则不支持这类交互效果，通常需要点击特定的按钮图标来展示 / 收起相应的信息内容。

图 1-27 所示为一个时尚女装的电商网站设计示例，在网站页面中多处应用交互设计，不仅商品图片可以进行交互切换，并且还加入了交互导航菜单，方便用户快速找到所需要的商品。

图 1-26　移动 App 交互设计示例

图 1-27　时尚女装的电商交互式网站设计示例

▶ 1.4.3　使用环境不同

表 1-4　Web 网站与移动 App 的使用环境区别

Web 网站	移动 App
通常是在室内办公桌前，使用时间相对较长	既可以长时间使用，也可以利用碎片化的时间使用，并且使用环境多样化，或坐或站或躺或行走，姿势不一

设计要点：

（1）使用移动 App 时，用户很容易被周边环境所影响，对界面上展示的内容可能没那么容易留意到；长时间使用时更适合沉浸式浏览，碎片化时间使用时用户可能没有足够的时间，每次浏览内容有限，类似"收藏"等功能则比较实用；用户在移动过程中更容易误操作，需要考虑如何防止误操作、如何从错误中恢复。

（2）使用 Web 网站的环境相对固定，用户更为专注。

▶ 1.4.4　网络环境不同

表 1-5　Web 网站与移动 App 的网络环境区别

Web 网站	移动 App
通常是在室内固定场所使用网站，所以网络相对稳定，且基本无须担心流量问题	用户使用环境复杂，可能在移动过程中从通畅环境到信号较差的环境，网络可能从有到无、从快到慢

设计要点：

（1）移动端用户，在使用移动流量的情况下对流量比较重视，对于需要耗费较多流量的操作，需要给用户明确的提示，在用户允许的前提下才继续进行。

（2）在使用移动 App 时，常常会遇到网络异常的情况，需要更加重视这类场景下的错误提示，以及如何从错误中恢复的方法。

移动端常常会遇到网络不稳定或不流畅的情况，所以 App 需要设计当网络不稳定或异常情况下的提示界面，通过卡通形象与简短的文字说明，表现效果直观、形象，并且为用户提供了"刷新"按钮，用户点击后可以刷新当前界面，如图 1-28 所示。

当用户在使用移动数据流量进行浏览时，如果需要进行视频播放或者下载文件等需要耗费较多流量的操作时，一定要给用户明确的提示说明，如图 1-29 所示，待用户同意后再继续相应的操作，这样也是为用户考虑。

图 1-28　给出当前网络状况的提示

图 1-29　提示用户需要使用大量的流量

▶ 1.4.5　基于位置服务的精细度不同

表 1-6　Web 网站与移动 App 的服务精细度区别

Web 网站	移动 App
网站中的定位功能通常只能够获取到用户当前所在的城市	移动 App 中的定位功能可以较为精确地获取当前用户所在的具体位置

设计要点：

移动 App 可合理地利用用户的位置，给用户提供一些服务。例如，地图类 App，可以直接搜索"我的位置"到目的地的路线；生活服务类 App，可以查询"我的位置"附近的美食、商场、电影院等，这样的方式省去了用户手动输入当前位置的操作，更加智能化。

图 1-30 所示为百度地图的移动 App，当用户启动并进入该 App 界面时，它会对用户当前所在的位置进行精确的定位，并显示在地图中。当用户点击界面底部

的"发现周边"选项时，会基于用户当前的位置显示出附近的美食、酒店等相关信息；当用户点击底部的"路线"选项时，跳转到路线导航界面，并默认起始点为用户当前所在位置，用户只需要输入终点即可，非常方便。

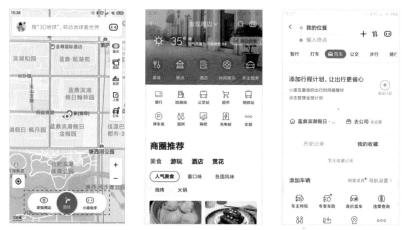

图 1-30　百度地图 App 所提供的位置服务

1.5　本章小结

交互设计主要是服务于产品 UI，其作用在于通过在 UI 中设计合理的交互操作，从而有效地提升产品的用户体验。本章主要向读者介绍了有关交互设计与用户体验的相关理论知识，以及交互设计的基本流程、移动 App 与 Web 网站交互设计的差异，从而使读者对交互设计有更深入的理解。

第 2 章
交互动画效果基础

本章主要内容

交互是一个很明显的动态过程，人与人之间的交互就很容易明白，你问我答，你来我往。随着移动互联网技术的发展，智能移动设备性能的提升，交互动画效果也越来越多地被应用于应际的项目中。

本章将向读者介绍有关交互动画效果的相关基础知识，使读者能够深入理解交互动画效果，并通过交互动画效果案例的制作，使读者熟悉并掌握交互动画效果的制作和表现方法。

2.1 交互动画效果与 UI 设计

很多人在刚接触交互动画效果时，只是觉得新鲜、好玩、可以炫技，可以使 UI 设计看上去更加地炫酷。但这是人们在交互设计中加入动画效果的目的吗？当然不是。

要解决为什么在 UI 交互设计中加入动画效果这个问题，就需要弄清什么是交互动画效果。

▶ 2.1.1 交互动画效果的发展

在偏平化设计兴起之后，UI 动画效果的设计应用越来越多。扁平化设计的好处在于用户的注意力可以集中在界面的核心信息上，将对用户无效的设计元素去掉，不被设计所打扰从而分散注意力，使用户体验更加地纯粹自然。这个思路是对的，回归了产品设计的本质，就是为用户提供更好的使用体验，其次才是精美的界面设计。但是，过于扁平化的设计，也会带来新的问题，一些复杂的层级关系如何展现？用户如何被引导和吸引？这与用户在现实世界中的自然感受很不一致，所以 Google 推出了 Material Design 设计语言。

> ☆ 提示
>
> 偏平化设计的核心是在设计中摒弃高光、阴影、纹理和渐变等装饰性效果，通过符号化或简化的图形设计元素来表现。在偏平化设计中去除冗余的效果，其交互核心在于突出功能和交互的使用。

Material Design 设计语言的一部分作用是为了解决过于扁平化设计所带来的弊端，复杂层级关系如何展现，用户如何被引导和代入。为了解决这些问题，在 Material Design 设计语言中充分利用 Z 轴，通过分层设计以及动画效果设计相结合的方式，在扁平化的基础上为用户提供更容易理解的层级关系，赋予设计以情感，增强用户在产品使用过程中的参与度。

> ☆ 提示
>
> 在 Material Design 设计规范中，将动画效果设计命名为 Animation，意思是动画、活泼。动画效果设计可以定义为使用类似动画的手法，赋予 UI 生命和活力。

▶ 2.1.2 优秀的交互动画效果具有的特点

优秀的交互动画效果设计在用户操作过程中往往会被无视，而糟糕的交互动画效果却迫使用户去注意界面，而非内容本身。

用户都是带着明确的目的来使用 App 的，例如，买一件商品、学习新的知识、发现新的音乐或者仅仅是寻找距离最近的吃饭地点等。他们不会只为了欣赏商家精心设计的界面而来，实际上，用户根本不在意界面设计而只关心是否能够方便地达到他们的目的。优秀的交互动画效果设计应该对用户的点击或手势给予恰当的反馈，使用户能够非常方便地按照自己的意愿去掌控应用的行为，从而增强应用的使用体验。

图 2-1 所示为某电商 App 的商品推荐界面，当用户在界面中滑动切换所显示的商品时，会采用交互动画效果的方式表现效果，模拟现实世界中卡片翻转切换的动画效果，给用户带来较强的视觉动感，也为用户在 App 中的操作增添了乐趣。

优秀的交互动画效果设计具有如下特点：

（1）快速并且流畅；

（2）给交互以恰当的反馈；

（3）提升用户的操作感受；

（4）为用户提供良好的视觉效果。

图 2-1　电商 App 界面中商品图片切换交互动画效果

☆ 提示

交互动画效果的制作可以让交互设计师更清晰地阐述自己的设计理念，同时帮助程序管理人员和研发人员在评审中解决视觉上的问题。交互动画效果具有缜密清晰的逻辑思维、配合研发人员更好地实现效果和帮助程序管理人员更好地完善产品的优点。

▶ 2.1.3　交互动画效果的优势

随着科学技术的不断发展，动态交互效果越来越多地被应用于实际的项目中。手机、网页等媒介都在大范围应用，为什么动态交互效果越来越吃香？它有哪些优势呢？

1. 展示产品功能

交互动画效果设计可以更加全面、形象地展示产品的功能、界面、交互操作等细节，让用户更直观地了解一款产品的核心特征、用途、使用方法等。图 2-2 所示为通过交互动画效果来展示产品功能的示例。

图 2-2　通过交互动画效果来展示产品功能的示例

2. 有利于品牌建设

现在许多企业或品牌的 Logo 标志已经不再局限于静态的展示效果，而是采用动态效果进行表现，从而使得品牌形象的表现更加生动。例如，我们在电影开场前所看到的各制片公司的品牌 Logo 都是采用动态方式展现的，目前在网络中也越来越多采用动态方式展示品牌 Logo 的案例，例如爱奇艺、优酷等视频网站。

图 2-3 所示为知名的体育运动品牌 Nike 的一款动态 Logo，在该 Logo 的设计和表现过程中，动画效果的表现并不是其重点，重点是通过图形与色彩的设计，使 Logo 的表现富有很强的运动感和现代感，而在 Logo 中加入闪电围绕标志图形运动的动画效果，起到了画龙点睛的作用，使得 Logo 的表现更加动感。

图 2-3　Nike 品牌的动态 Logo

3. 有利于展示交互原型

很多时候设计不能光靠嘴去解释要表现的想法，静态的设计图设计出来后也不见得能让观者一目了然。因为很多时候交互形式和一些交互动画效果真的很难用语言描述来说清楚，所以才会有高保真原型，这样就节约了很多沟通成本。图 2-4 所示为产品的动态交互原型设计。

图 2-4　产品的动态交互原型设计

4. 增加产品的亲和力和趣味性

在产品中合理地添加动态效果，能够立即拉进与用户之间的距离，如果能够在动态效果中再添加一些趣味性，那么就会让用户更加"爱不释手"。图 2-5 所示为界面下拉刷新动画效果的趣味性表现。

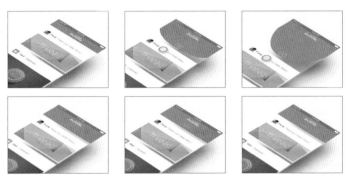

图 2-5　界面下拉刷新动画效果的趣味性表现

▶ 2.1.4　功能型动画效果与展示型动画效果

我们可以将动画效果设计粗略地分为两大类，即功能型动画效果与展示型动画效果。

1. 功能型动画效果

功能型动画效果多适用于产品设计，是 UI 交互设计中最常见的动画效果类型，当用户与界面进行交互时所产生的动画效果都可以认为是功能型动画效果。

图 2-6 所示为一个在线订票 App 的交互动画效果设计示例，用户点击选择自己需要订票的影片，通过动画效果的方式平滑过渡到影片场次选择界面中，点击选择需要预订的场次，以动画效果方式平滑过渡到座位选择界面。在该 App 中所加入的动画效果都是为了 App 中的交互操作服务的，使用户的操作更加平滑，使界面信息反馈更加及时。

图 2-6　在线订票 App 的交互动画效果设计示例

2. 展示型动画效果

展示型动画效果主要是指一些用于展示酷炫的动画效果或者对产品功能进行演示的动画效果设计，这类动画效果相对来说比功能性动画效果要复杂，但是在实际的界面交互设计中应用较少。

图 2-7 所示为一个手机充电过程的展示型动画效果，在手机充电的过程中，可以通过动画效果的形式为充电过程加入动态的表现效果，表现出系统状态，从而给用户带来非常直观的印象。

图 2-7　手机充电过程的展示型动画效果

▶ **2.1.5　制作背景切换交互动画效果**

界面背景图片的滚动切换是最基础的一种动画效果表现形式，在实现过程中只需要通过背景图片的位置移动即可实现，在本节中将带领读者完成一个界面背景切换的动画效果，通过该动画效果的制作掌握基础属性的设置和操作方法。

☆实战　制作背景切换交互动画效果☆

源文件：第 2 章 \2-1-5.aep　　　　　视频：第 2 章 \2-1-5.mp4

微视频

素材

Step 01 打开 After Effects 软件，新建一个空白的项目，执行"文件→导入→文件"命令，在弹出的"导入文件"对话框中选择"素材 \21501.psd"，如图 2-8 所示，弹出如图 2-9 所示的设置对话框，设置相关选项。

图 2-8　选择需要导入的素材文件

图 2-9　设置对话框

Step 02 单击"确定"按钮，导入 PSD 素材自动生成的合成，如图 2-10 所示。执行"文件→导入→文件"命令，在弹出的"导入文件"对话框中选择多个需要导入的素材图像，如图 2-11 所示。

图 2-10　导入 PSD 素材生成的"项目"面板

图 2-11　选择多个需要导入的素材文件

Step 03 单击"导入"按钮，将选中的多个素材同时导入"项目"面板中，如图 2-12 所示。双击"项目"面板中自动生成的合成，在"合成"窗口中打开该合成，如图 2-13 所示。

图 2-12　选中多个素材同时导入"项目"面板

图 2-13　"合成"窗口

Step 04 在"时间轴"面板可以看到该合成中相应的图层，如图 2-14 所示。将除"背景"图层以外的其他图层锁定，选择"背景"图层，按快捷键 P，显示该图层的"位置"属性，如图 2-15 所示。

图 2-14　"时间轴"面板

图 2-15　显示"位置"属性

Step05 将"时间指示器"移至 2 秒位置，单击"位置"属性前的"秒表"图标📷，插入该属性关键帧，如图 2-16 所示。将"时间指示器"移至 3 秒位置，在"合成"窗口中将该图层中的图像向右移至合适的位置，如图 2-17 所示。

图 2-16　插入"位置"属性关键帧　　　　　　　　图 2-17　移动图像位置

☆ 提示

在"时间轴"面板中可以直接拖动"时间指示器"，从而调整时间的位置，但这种方法很难精确调整时间位置。如果需要精确调整时间位置，可以通过"时间轴"面板上的"当前时间"选项或者"合成"窗口中的"预览时间"选项，输入精确的时间，即可在"时间轴"面板中跳转到所输入的时间位置。

Step06 在"时间轴"面板上 3 秒位置自动插入"位置"属性关键帧，如图 2-18 所示。将"时间指示器"移至 2 秒位置，在"项目"面板将 21502.jpg 素材拖入"时间轴"面板中的"背景"图层上方，在"合成"窗口中将该素材调整至合适的位置，如图 2-19 所示。

图 2-18　在"时间轴"面板插入"位置"属性关键帧　　　　图 2-19　拖入素材图像

Step07 选择 21502.jpg 图层，按快捷键 P，显示该图层的"位置"属性，单击该属性前的"秒表"图标，插入该属性关键帧，如图 2-20 所示。将"时间指示器"移至 3 秒位置，在"合成"窗口将该图层中的图像向右移至合适的位置，如图 2-21 所示。

图 2-20　插入"位置"属性关键帧　　　　　　　图 2-21　移动图像位置

Step 08 将"时间指示器"移至 5 秒位置，在"时间轴"面板上单击"位置"属性前的"添加关键帧"按钮◇，在该时间位置添加"位置"属性关键帧，如图 2-22 所示。将"时间指示器"移至 6 秒位置，在"合成"窗口将该图层中的图像向右移至合适的位置，如图 2-23 所示。

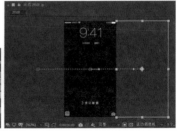

图 2-22　添加"位置"属性关键帧　　　　　　　图 2-23　移动图像位置

Step 09 在 6 秒位置自动插入"位置"属性关键帧，如图 2-24 所示。将"时间指示器"移至 5 秒位置，在"项目"面板中将 21503.jpg 素材拖入"时间轴"面板的 21502.jpg 图层上方，在"合成"窗口中将该素材调整至合适的位置，如图 2-25 所示。

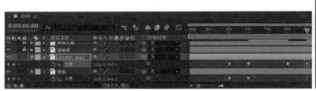

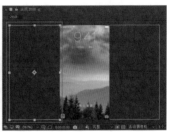

图 2-24　"时间轴"面板　　　　　　　　　　　图 2-25　拖入素材图像

Step10 选择 21503.jpg 图层，按快捷键 P，显示该图层的"位置"属性，单击该属性前的"秒表"图标，插入该属性关键帧，如图 2-26 所示。将"时间指示器"移至 6 秒位置，在"合成"窗口将该图层中的图像向右移至合适的位置，如图 2-27 所示。

图 2-26　插入"位置"属性关键帧　　　　图 2-27　移动图像位置

Step11 将"时间指示器"移至 8 秒位置，在"时间轴"面板上单击"位置"属性前的"添加关键帧"按钮◇，在该时间位置添加"位置"属性关键帧，如图 2-28 所示。将"时间指示器"移至 9 秒位置，在"合成"窗口将该图层中的图像向右移至合适的位置，如图 2-29 所示。

图 2-28　添加"位置"属性关键帧　　　　图 2-29　移动图像位置

Step12 将"时间指示器"移至 8 秒位置，在"项目"面板将"21501 个图层"文件夹的"背景"素材拖入"时间轴"面板的 21503.jpg 图层上方，在"合成"窗口中将该素材调整至合适的位置，如图 2-30 所示。选择"背景 /21501.psd"图层，按快捷键 P，显示该图层的"位置"属性，单击"位置"属性前的"秒表"图标，插入该属性关键帧，如图 2-31 所示。

图 2-30　拖入素材图像　　　　图 2-31　插入"位置"属性关键帧

Step 13 将"时间指示器"移至 9 秒位置，在"合成"窗口将该图层中的图像向右移至合适的位置，如图 2-32 所示。在"项目"面板上的 21501 合成上右击，在弹出的快捷菜单中选择"合成设置"选项，在弹出的对话框中设置"持续时间"为 9 秒，如图 2-33 所示。

图 2-32　移动图像位置

图 2-33　"合成设置"对话框

☆ 提示

因为时间轴动画默认是循环播放的，当播放完 9 秒时就会跳转到 0 秒位置继续播放，为了使背景图片的切换形成一个完整的连续循环，所以需要在时间轴的最后制作第一张背景图片从右侧位移入场的动画，从而实现与 0 秒位置的动画形成连贯性。

Step 14 单击"确定"按钮，完成"合成设置"对话框的设置。在"时间轴"面板中可以看到为相应图层制作的位置移动动画的关键帧效果，如图 2-34 所示。

图 2-34　"时间轴"面板

Step 15 完成该背景图片切换动画效果的制作，执行"文件→保存"命令，将文件保存为"源文件 \ 第 2 章 \2-1-5.aep"。单击"预览"面板上的"播放 / 停止"按钮 ▶，可以在"合成"窗口中预览动画效果，如图 2-35 所示。

图 2-35　预览动画效果

2.2 交互动画效果的应用方式

　　一个好的动画效果设计应该是自然、舒适、锦上添花，绝对不是为了仅仅去吸引眼球，生拉硬套。所以要把握好在交互过程中动画效果设计的轻与重，先考虑用户使用的场景、频繁和程度，然后再确定动画效果的注目程度，并且还需要重视界面交互整体性的编排。

▶ 2.2.1　转场过渡

　　人们的大脑会对动态事物（如对象的移动、变形、变色等）保有敏感，在界面中加入一些平滑舒适的过渡转场效果，不仅能够让界面显得更加生动，更能够帮助用户理解界面前后变化的逻辑关系。

　　图 2-36 所示为一个影视类 App 的界面转场过渡动画效果，在该影视类 App 界面中，主要以电影海报的展示为主，当用户在界面中滑动时，将通过类似折叠展开的动画形式过渡到下一个界面中，过渡效果自然、流畅，并且这个折叠展开的动画效果还能够为用户带来很强的立体空间感。

图 2-36　界面转场过渡交互动画效果

▶ 2.2.2　层级展示

　　在现实空间中，物体存在近大远小的规则，运动则会表现为近快远慢。当界面中的元素在不同的层级时，恰当的动画效果可以帮助用户理清前后位置关系，通过动画效果能够体现出整个界面的空间感。

图 2-37 所示为一个电商 App 中的界面过渡动画效果，用户轻触某个商品图像后，图像从列表中的位置放大，逐渐过渡到该商品的详细信息界面。相应地，单击商品详细信息界面左上角的"返回"图标，则该商品图片逐渐缩小，返回到商品列表的位置，指引用户找到浏览的位置，表现出清晰的层级关系。

图 2-37　表现界面层次关系的转场动画效果

☆ 提示

这种保持内容层级关系的缩放动态交互效果在 iOS 系统的很多界面中都能见到，例如，主屏幕的文件夹、日历、相册和 App 切换界面等。

▶ 2.2.3　空间扩展

在移动端界面设计中，由于有限的屏幕空间难以承载大量的信息内容，通过动画效果的形式，可以在界面中通过折叠、翻转、缩放等形式拓展附加内容的界面空间，以渐进展示的方式来减轻用户的认知负担。

图 2-38 所示为移动 App 中常见的交互导航菜单动画效果，由于移动设备的屏幕尺寸较小，所以在移动应用中通常将导航菜单进行隐藏设计，当用户需要使用时，再通过单击界面中相应的菜单图标，以交互的方式在界面中显示出导航菜单选项，有效扩展了界面的空间。

图 2-38　交互导航菜单的动画效果

▶ 2.2.4　关注聚焦

关注聚焦是指在界面中通过元素的动作变化，提醒用户关注界面中特定的信息内容。这种提醒方式不仅可以降低视觉元素的干扰，使界面更加清爽简洁，还能够在用户使用过程中，轻盈自然地吸引用户的注意力。

图2-39所示为"收藏"功能图标的交互动画效果设计，当用户单击"收藏"图标时，红色的实心心形图标会逐渐放大并替换默认状态下的灰色线框心形图标，就是这样一个简单的交互操作动画效果，能够有效吸引用户的注意力。

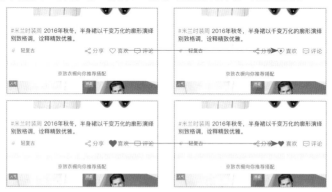

图2-39　"收藏"功能图标的交互动画效果表现

▶ 2.2.5　内容呈现

界面中的内容元素按照一定的秩序规律逐级呈现，引导用户视觉焦点走向，帮助用户更好地感知页面布局、层级结构和重点内容，同时也能够让界面的操作流程更加丰富流畅，增添了界面的表现活力。

图2-40所示的App界面设计，使用不同的背景颜色来区别表现每一条信息内容，当在该界面中进行上下滑动时，列表将会表现出弹性滚动的动画效果，当单击某一条日志时，该条日志的背景颜色将会以扩展的方式填充整个界面，显示该日志的详细信息，这种切换方式表现出清晰的信息层级结构。

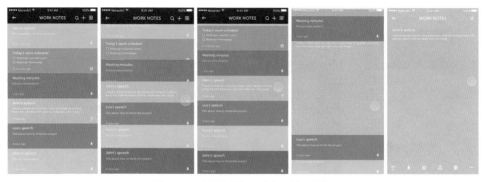

图2-40　清晰的内容呈现交互动画效果

▶ 2.2.6　操作反馈

无论在界面中进行点击、长按、拖曳、滑动等交互操作，都应该得到系统的即时反馈，将其以视觉动画效果的方式呈现，帮助用户了解当前系统对用户交互操作过程的响应情况，为用户带来安全感。

在 Android Material Design 设计语言中，界面元素会伴随着用户轻触呈现圆形波纹，从而给用户带来最贴近真实的反馈体验，如图 2-41 所示。

在 iOS 的解锁密码输入界面中，当用户输入解锁密码出错时，数字键上方的小圆点会来回晃动，模仿摇头的动作来提示用户重新输入，如图 2-42 所示。

☆ 提示

需要注意的是，过长的、冗余的动画效果会影响用户的操作，更严重的是还可能引起用户负面的体验。所以恰到好处地掌握动画效果的时间长度也是好的动画效果设计必备技能之一。

图 2-41　对元素点击操作的反馈

图 2-42　输入密码的操作反馈

2.3　基础动画效果

在 UI 中所看到的交互动画效果都是由一些基础的变形组合而成的，这些基础变形主要包括移动、旋转、缩放和元素属性的变化，它们都能够表现为动画的效果。

▶ 2.3.1　基础动画效果类型

人们平时在 UI 中看到的动画效果其实都是由一些最基础的动画效果组合而成，这些基础动画效果包括：移动、旋转和缩放。在动画效果制作软件中，通常只需要设置对象的起点和终点，并在软件中设置想要实现的动画效果，便会根据这些设置去渲染出整个动画过程。

1. 移动

移动，顾名思义就是将一个对象从位置 A 移动到位置 B，如图 2-43 所示。这是最常见的一种动态效果，像滑动、弹跳、振动这些动态效果都是从移动扩展而来的。

图 2-43　元素移动示例效果

2. 旋转

旋转是指通过改变对象的角度，使对象产生旋转的效果，如图 2-44 所示。通常在页面加载，或单击某个按钮触发一个较长时间操作时，经常使用到的 Loading 效果或一些菜单图标的变换都会使用旋转动态效果。

图 2-44　元素旋转示例效果

3. 缩放

缩放动态效果在移动 UI 中被广泛使用，如图 2-45 所示。例如，单击一个 App 图标，打开该 App 全屏界面时，就是以缩放的方式来展开的，还有通过单击一张缩略图查看具体内容时，通常也会以缩放的方式从缩略图过渡到满屏的大图。

图 2-45　元素缩放示例效果

▶ 2.3.2　属性变化

在 2.3.1 节中已经介绍了 3 种最基础的动画效果：移动、旋转和缩放，但元素的动画效果除了使用这 3 种基础的动画效果进行组合之外，还会加入元素属性的变化。属性变化其实就是指元素的透明度、形状、颜色等在运动过程中的变化。

属性变化也可以理解为是一种基础动画效果，例如，可以通过改变元素的透明度来实现元素淡入、淡出的动画效果等。同时还可以通过改变元素的大小、颜色、位置等几乎所有属性来体现动画效果。

许多动画效果都是由元素的基础属性的变化所形成的，图 2-46 所示界面中的图片滑动切换动画效果，主要就是通过对元素的"旋转"和"缩放"属性进行设置从而形成的动画效果，通过多种基础属性变化的结合就能够表现比较复杂的动画效果。

图 2-46　图片滑动切换交互动画效果

▶ 2.3.3　运动节奏

　　自然界中大部分物体的运动都不是线性的，而是按照物理规律呈曲线形运动。通俗点来说，就是物体运动的响应变化与执行运动的物体本身质量有关。例如，当打开抽屉时，首先会让它加速，然后慢下来。当某个东西往下落时，首先是越落越快，撞到地上后反弹，最后才又碰触地板。

　　优秀的动画效果设计应该反映真实的物理现象，如果动画效果想要表现的对象是一个沉甸甸的物体，那么它的起始动画响应的变化会比较慢。反之，对象如果是轻巧的，那么其起始动画响应的变化会比较快。图 2-47 所示为元素缓动画效果示意图。

图 2-47　元素缓动画效果示意图

　　所以在交互动画效果设计中还需要考虑元素的运动节奏，从而使所制作的交互动画效果表现得更加真实、自然。

　　图 2-48 所示为一个餐饮美食 App 的列表界面，当用户滑动界面时，界面的运动速度是缓慢地开始，中间速度加快，再缓慢地结束，这种运动方式就充分地考虑了对象的运动规律，并且在运动过程中加入运动模糊，使界面的动画效果表现得更加真实、富有动感。

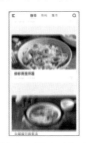

图 2-48　列表上下滑动时的动画效果表现

▶ 2.3.4　基础动画效果组合应用

在大多数场景中，需要同时使用两种以上的基础动画效果，将它们有效地组合在一起，以达到更好的动态效果。另外，仍然需要让交互动画效果遵循普遍的物理规律，这样才能使所制作的动画效果更容易被用户接受。

在如图 2-49 所示的 App 界面交互动画效果设计中，综合应用了"缩放""旋转""位移"和属性变化等多种动画效果，当用户在界面中单击不同的按钮，界面中的卡片会分别向左或向右旋转移出界面，后面的卡片以缩放的方式显示到前面，整体表现效果流畅、自然。

图 2-49　综合运用多种基础动画效果

理想的动画效果时长应该为 0.5 ～ 1 秒，在设计淡入淡出、滑动、缩放等动画效果时都应将时长控制在这个范围内。如果动画效果时长设置得太短，会让用户看不清效果，甚至更糟的是给用户造成压迫感。反过来，如果动画效果持续时间过长，又会使人感觉无聊，特别是当用户在使用 App 的过程中，反复看到同一动画效果的时候。

▶ 2.3.5　制作 App 启动界面动画效果

本节将带领读者制作一个 App 的启动界面动画效果，在该 App 的启动界面中主要是以该品牌的 Logo 动画效果表现为主，通过为 Logo 图形添加 CC Radial Fast Blur 效果，并对该效果的相关属性进行设置，从而实现动感模糊的 Logo 动画效果表现。

☆实战　制作 App 启动界面动画效果☆

微视频

源文件：第 2 章 \2-3-5.aep　　　　　　　视频：第 2 章 \2-3-5.mp4

Step 01 在 After Effects 中新建一个空白的项目，执行"文件→导入→文件"命令，在弹出的"导入文件"对话框中选择"素材 \23501.psd"，如图 2-50 所示，弹出如图 2-51 所示的设置对话框，设置相关选项。

素材

图 2-50 导入 PSD 素材

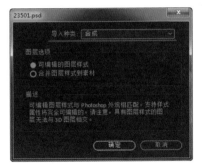

图 2-51 设置对话框

Step02 单击"确定"按钮，导入 PSD 素材自动生成合成，如图 2-52 所示。双击"项目"面板中自动生成的合成，在"合成"窗口中打开该合成，在"时间轴"面板中可以看到该合成中相应的图层，如图 2-53 所示。

图 2-52 "项目"面板

图 2-53 "合成"窗口和"时间轴"面板

Step03 将"背景"图层锁定，选择 Logo 图层，执行"效果→模糊和锐化→ CC Radial Fast Blur"命令，应用该效果，如图 2-54 所示。展开该图层下方的 CC Radial Fast Blur 选项，为 Center 和 Amount 属性插入关键帧，并对这两个属性值进行设置，如图 2-55 所示。

图 2-54 "合成"窗口

图 2-55 插入属性关键帧

此处为 Logo 素材图像所添加的名为 CC Radial Fast Blur 效果，主要使用 Center 和 Amount 这两个属性来制作动画效果，Center 表示该模糊效果的中心点位置，Amount 表示该模糊效果的大小，取值范围是 0 ~ 100，取值为 0 时表示没有模糊效果，取值为 100 时表示应用最大的模糊效果。

Step04 按快捷键 U，在 Logo 图层下方只显示添加了关键帧的相关属性，如图 2-56 所示。在"合成"窗口中可以看到目前的 Logo 图像的效果，如图 2-57 所示。

图 2-56 "时间轴"面板 　　　　图 2-57 调整效果中心点位置

Step05 将"时间指示器"移至 1 秒的位置，在"时间轴"面板中对 Center 和 Amout 属性值进行设置，如图 2-58 所示。在"合成"窗口中可以看到目前的 Logo 图像的效果，如图 2-59 所示。

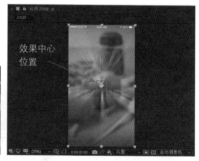

图 2-58 设置 Center 和 Amout 属性值 　　　　图 2-59 图像效果

Step06 将"时间指示器"移至 2 秒的位置，在"时间轴"面板中对 Center 和 Amout 属性值进行设置，如图 2-60 所示。在"合成"窗口中可以看到目前的 Logo 图像的效果，如图 2-61 所示。

图 2-60　设置 Center 和 Amout 属性值

图 2-61　图像效果

Step 07 选择 Logo 图层，执行"效果→模糊和锐化→快速方框模糊"命令，为该图层应用"快速方框模糊"效果。将"时间指示器"移至起始位置，为"方框模糊"选项下的"模糊半径"属性插入关键帧，设置其值为 10，如图 2-62 所示，"合成"窗口中的效果如图 2-63 所示。

图 2-62　插入"模糊半径"属性关键帧并设置属性值

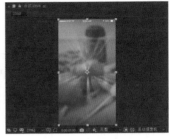

图 2-63　图像效果

Step 08 将"时间指示器"移至 1 秒的位置，设置"模糊半径"属性值为 0，如图 2-64 所示，"合成"窗口中的效果如图 2-65 所示。

图 2-64　设置"模糊半径"属性值

图 2-65　图像效果

Step 09 选择 Logo 图层，执行"效果→杂色和颗粒→杂色"命令，为该图层应用"杂色"效果。将"时间指示器"移至起始位置，为"杂色"选项下的"杂色数量"属性插入关键帧，设置其值为 80%，如图 2-66 所示，"合成"窗口中的效果如图 2-67 所示。

图 2-66　插入"杂色数量"属性关键帧并设置属性值

图 2-67　图像效果

Step 10 将"时间指示器"移至 1 秒的位置，设置"杂色数量"属性值为 0，如图 2-68 所示，"合成"窗口中的效果如图 2-69 所示。

图 2-68　设置"杂色数量"属性值

图 2-69　图像效果

Step 11 选择 Logo 图层，按快捷键 U，在该图层下方只显示添加了关键帧的相关属性，在"时间轴"面板中拖动鼠标指针，同时选中该图层中所有的属性关键帧，如图 2-70 所示。在关键帧上右击，在弹出的快捷菜单中选择"关键帧辅助→缓入"选项，如图 2-71 所示。

图 2-70　同时选中多个关键帧

图 2-71　选择"缓入"选项

Step 12 为所选中的多个关键帧同时应用"缓入"效果，关键帧如图 2-72 所示。在"项目"面板上的合成上右击，在弹出的快捷菜单中选择"合成设置"命令，弹出"合成设置"对话框，修改"持续时间"为 4 秒，如图 2-73 所示。

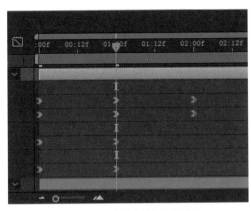

图 2-72　应用"缓入"效果

图 2-73　设置"持续时间"选项

Step 13 单击"确定"按钮，完成"合成设置"对话框的设置，"时间轴"面板如图 2-74 所示。

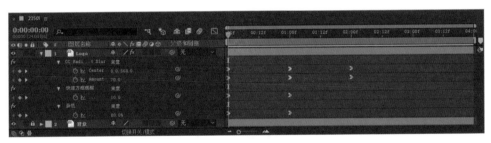

图 2-74　"时间轴"面板

Step 14 完成 App 启动界面动画效果的制作，单击"预览"面板上的"播放 / 停止"按钮▶，可以在"合成"窗口中预览动画效果，如图 2-75 所示。

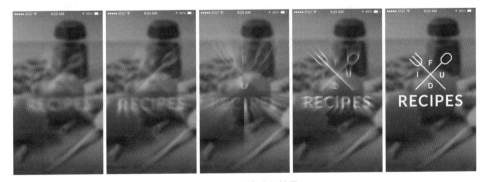

图 2-75　预览动画效果

2.4 UI 的交互设计

交互设计的一个工作是规划概念模型，概念模型用于在交互设计的开发过程中保持使用方式的一致性。了解用户对产品交互模式的想法可以帮助我们挑选出最有效的概念模型。用户与产品的交互，更多表现为呈现给用户在产品 UI 操作上的体验。

▶ 2.4.1 用户青睐的交互设计模式

从用户角度来说，交互设计本质上是一种如何让产品易用、有效且让人愉悦的技术，它致力于了解目标用户和他们的期望，了解用户在与产品交互时彼此的行为，了解"人"本身的心理和行为特点，同时，还包括了解各种有效的交互方式，并对它们进行增强和扩充。交互设计的目的在于，通过对产品的界面和行为进行交互设计，让产品和它的使用者之间建立一种有机关系，从而可以有效达到使用者的目标。出色的交互设计模式如图 2-76 所示。

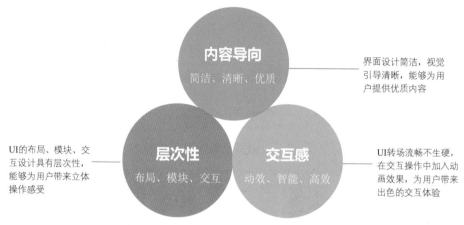

图 2-76　出色的交互设计模式

交互设计直接影响着用户体验，它决定如何根据信息架构进行浏览，如何安排用户需要看到的内容，并保证用最清晰的方式及适当的重点来展现合适的数据。交互设计不同于信息架构，就像设计和放置路标不同于道路铺设过程一样，信息架构决定地形的最佳路径，而交互设计放置路径并为用户画出地图。

▶ 2.4.2 如何提升产品转化率

转化率不仅仅局限于产品本身，还与产品界面中的按钮布局有关，这尤其体现在同类型的竞品对比中，小小的按钮布局有也很大的学问，而支撑这些的便是"手势的点击区域"。图 2-77 所示为不同类型屏幕手势点击范围及难易程度。

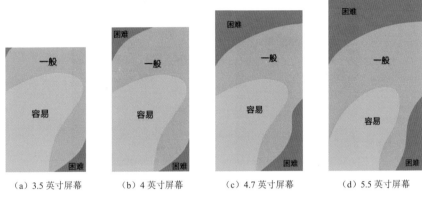

（a）3.5 英寸屏幕　　　　（b）4 英寸屏幕　　　　（c）4.7 英寸屏幕　　　　（d）5.5 英寸屏幕

图 2-77　不同类型屏幕手势点击范围及难易程度

通过对不同尺寸大小的手机屏幕的手势点击区域的分析，可以得到以下几个提升产品转化率的方法。

1. 底部操作区域坚持 50% 法则

在 UI 设计中，通常会将一些功能操作按钮或图标置在界面的底部，例如，在电商类 App 界面中，通常会将"加入购物车""立即购买"等按钮放置在界面的底部，而这些按钮都是涉及转化率的重要功能操作按钮。所以一些涉及转化率的关键功能操作按钮，需要坚持 50% 法则，并且尽量靠近界面的右侧，因为大多数用户都是使用右手持机操作的。图 2-78 所示为淘宝的商品详情界面。

2. 不要在界面中上区域放置关键功能操作按钮

通过观察不同尺寸手机屏幕的手势点击范围可以发现：屏幕中上方的点击容易度为一般或困难，所以在界面的中上方位置不适合放置关键功能操作按钮。如果一定要设置关键操作功能，可以考虑搭配交互势。图 2-79 所示为京东的商品详情界面。

3. 将返回功能点击困难化，有利于用户留存

通常情况下，在 UI 设计中都会将"返回"功能操作按钮放置在界面的左上角位置，如图 2-80 所示，因为该位置属于点击困难区域，用户单手操作时不容易轻易点击，这样可以使用户留在当前界面中的时间更久一些。如果将"返回"功能按钮放置在界面的底部左下角位置，如图 2-81 所示。该区域属于最容易触发的点击区域，加上误操作的可能，非常不利于用户留存。

界面底部的"加入购物车"和"立即购买"按钮都属于提升转化率的关键功能按钮，将其放置在界面底部右侧，便于用户点击

在界面的中上部分使用了大面积区域展示商品图片，并且提供了多张图片进行展示，因为该区域属于点击困难范围，所以在界面中使用了左右滑动切换的手势交互方式

图 2-78　淘宝商品详情界面　　图 2-79　京东商品详情界面

放置在点击困难区域，不便于用户点击，有利于用户留存

放置在容易点击区域，容易误操作，不利于用户留存

图 2-80　"返回"按钮放置　　　　图 2-81　"返回"按钮放置
在界面左上角　　　　　　　　　在界面左下角

4. 手势交互的触发区域最好位于容易点击区域

在 UI 设计中加入手势交互，是为了使用户能够更加方便、快捷地使用产品中的相关功能，所以手势交互的触发难度也十分关键，通常需要将能够触发手势交互的元素放置在界面中容易点击的区域。

图 2-82 所示是一个 App 的手势交互动画效果设计示例，在该界面中的任意位置对界面进行滑动操作，都可以切换当前界面中所显示的内容，而每个界面中重要的功能操作按钮都位于容易点击的区域。

图 2-82 App 手势交互动画效果设计示例

▶ 2.4.3 3 种新颖的 UI 交互技巧

交互设计努力去创造和建立的是人与产品及服务之间有意义的关系，出色的 UI 交互设计能够有效提高界面的可用性，从而提升产品的用户体验。

1. Tab 浓缩

Tab 浓缩是指将一组工具图标隐藏于某一个交互图标当中，只有当用户点击该图标时，才会以动画效果的方式显示出隐藏的相关功能操作图标，从而将界面更多的区域用于表现界面内容。

Tab 浓缩这种交互方式的优势主要表现在以下几个方面。

（1）交互布局新颖，能够突出界面中的主要功能和内容，隐藏低使用频率的次要功能。

（2）减轻用户的学习成本，创造出更加沉浸式的体验。

（3）无 Tab 的 UI 布局，可以加强界面内容的导向结构。

图 2-83 所示为移动应用界面中的一组工具图标默认隐藏在界面底部的"加号"按钮图标中，当用户在界面中点击该图标时，隐藏的工具图标会以交互动画的方式呈现在界面中，非常便于用户操作，再次单击底部的"叉号"按钮图标，会以交互动画的方式将相应的图标收缩隐藏，动态的表现效果给用户带来很好的体验。

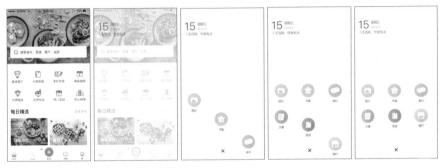

图 2-83 Tab 浓缩交互方式

2.创建沉浸式

沉浸式设计要尽可能排除用户关注内容之外的所有干扰，让用户能够顺利地集中注意力去执行其预期的行为，并且可能会利用用户高度集中的注意力来引导其产生某些情感与体验。

界面设计的终极目标就是让人们根本感觉不到物理界面的存在，使交互操作更加自然，类似于现实世界中人与物的互动方式，随着技术的发展，这一天一定会到来。例如，用户在 UI 中进行阅读或欣赏音乐的时候，可以将界面中不需要的功能模块暂时隐藏起来，从而为用户创建沉浸式的体验。

图 2-84 所示是一个机票在线预订 App 的界面交互设计，以机舱内部格局为界面背景，当用户选择好相应的出行时间和航班信息之后，点击按钮即可平滑过渡到机舱内部供用户选择座位，选择座位之后以飞机飞行动画效果切换到订票成功界面，整体订票过程为用户创建了良好的沉浸式体验。

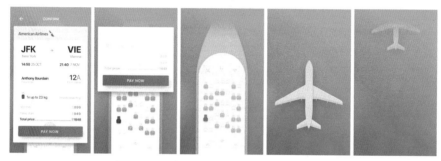

图 2-84　具有沉浸式体验的机票预订交互过程

3. Z 轴延展

当我们在对 UI 的交互进行构思时，该如何让用户的操作更加便捷，让用户更快捷地在多个界面或多个功能模块中进行切换？早在 2014 年，Google 就推出了 Material Design 设计语言，其优秀的设计理念可以借鉴，例如，模拟三维空间的 Z 轴技巧，如图 2-85 所示。

图 2-85　Material Design 设计语言的应用

Z 轴延展的交互表现方式比较适合多任务之间的快速协调切换，提高用户在操作上的使用体验，这种交互表现方式的优势主要表现在以下几个方面。

（1）交互形式新颖，操作感高，能够有效提升用户的操作体验。

（2）不需要反复进行返回操作就能够快速返回到初始界面中。

（3）层极清晰，X 和 Y 轴为当前界面，Z 轴为前任务流。

图 2-86 所示的音乐 App 界面使用的就是 Z 轴延展的交互方式，将所有音乐专辑的封面图片模拟了现实生活中卡片的翻转切换效果，在交互动画效果中通过图片在三维空间中的翻转来实现播放音乐专辑的切换，与实现生活中的表现方式相统一，更容易使用户理解。

图 2-86　Z 轴延展视觉表现在交互动画效果中的应用

▶ 2.4.4　制作二维码扫描动画效果并输出

在 UI 中常常能够看到一些演示动画效果，从而形象地表现出界面的功能，并且使界面的视觉表现效果更加生动。本节将带领读者一起制作一个二维码扫描动画效果，该动画效果主要通过基础变化与蒙版相结合来实现的。完成该动画效果的制作后，我们还需要将其输出为 GIF 格式的动画图片。

☆实战　制作二维码扫描动画效果并输出☆

源文件：第 2 章 \2-4-4.aep　　　　　　　视频：第 2 章 \2-4-4.mp4

微视频

Step01 打开 After Effects 软件，执行"文件→导入→文件"命令，在弹出的"导入文件"对话框中选择"素材 \24401.psd"，如图 2-87 所示。弹出设置对话框，设置相关选项如图 2-88 所示。

Step02 单击"确定"按钮，导入 PSD 素材自动生成合成，如图 2-89 所示。双击

素材

"项目"面板中自动生成的合成，在"合成"窗口中打开该合成，在"时间轴"面板可以看到该合成中相应的图层，将"背景"图层锁定，如图 2-90 所示。

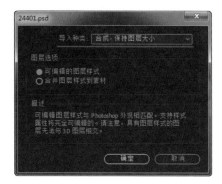

图 2-87　导入 PSD 素材　　　　　　　　　　图 2-88　设置对话框

图 2-89　"项目"面板　　　　　　　　图 2-90　"合成"窗口和"时间轴"面板

Step 03 使用"矩形工具"，在"工具栏"中设置"填充"为任意颜色，"描边"为无，在"合成"窗口中绘制一个矩形，如图 2-91 所示。自动得到"形状图层 1"图层，复制"形状图层 1"图层，按快捷键 Ctrl+V，粘贴图层得到"形状图层 2"图层，如图 2-92 所示。

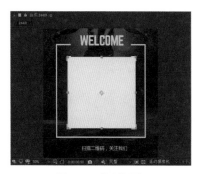

图 2-91　绘制矩形　　　　　　　　图 2-92　"时间轴"面板

Step 04 将"形状图层 2"图层隐藏，选择"形状图层 1"图层，使用"矩形工具"，在"工具栏"中单击"填充"文字，在弹出的"填充选项"对话框中选择"线性渐变"选项，如图 2-93 所示。单击"确定"按钮，展示"形状图层 1"的"内容"选项中的"渐变填充 1"选项，如图 2-94 所示。

图 2-93　"填充选项"对话框

图 2-94　展开"渐变填充 1"选项

Step 05　在"渐变填充 1"选项中设置"结束点"选项，在"合成"窗口中使用"旋转工具"对该矩形进行旋转操作，效果如图 2-95 所示。单击"颜色"选项后的"编辑渐变"超链接，弹出"渐变编辑器"对话框，设置渐变颜色，如图 2-96 所示。

图 2-95　设置渐变结束点

图 2-96　设置渐变颜色

Step 06　单击"确定"按钮，完成渐变颜色的设置，设置"渐变填充 1"选项中"起始点"和"结束点"选项，如图 2-97 所示。在"合成"窗口中可以看到渐变填充的效果，如图 2-98 所示。

图 2-97　设置"起始点"和"结束点"的相关属性

图 2-98　渐变颜色填充效果

Step 07 选择"形状图层 1",使用"选择工具"在"合成"窗口中将矩形缩小,如图 2-99 所示。在"时间轴"面板中设置"形状图层 1"的"轨道遮罩"属性为"Alpha 遮罩'形状图层 2'",按快捷键 P,显示出该图层的"位置"属性,如图 2-100 所示。

图 2-99　调整矩形大小

图 2-100　设置"轨道遮罩"选项

Step 08 在"合成"窗口中将渐变矩形向上移至合适的位置,为"位置"属性插入关键帧,如图 2-101 所示。将"时间指示器"移至 2 秒位置,在"合成"窗口中将渐变矩形向下移至合适的位置,如图 2-102 所示。

图 2-101　移动矩形位置并插入"位置"属性关键帧

图 2-102　向下移动矩形位置

Step 09 同时选中刚创建的两个位置关键帧,在关键帧上右击,在弹出的快捷菜单中选择"关键帧辅助→缓动"命令,为选中的两个关键帧应用"缓动"效果,如图 2-103 所示。在"项目"面板的合成上右击,在弹出的快捷菜单中选择"合成设置"命令,弹出"合成设置"对话框,修改"持续时间"为 4 秒,如图 2-104 所示。

图 2-103　为关键帧应用"缓动"效果　　　　图 2-104　修改"持续时间"选项

Step 10 完成该扫描二维码动画效果的制作，单击"预览"面板上的"播放 / 停止"按钮 ▶，可以在"合成"窗口中预览动画效果，如图 2-105 所示。

图 2-105　扫描二维码的动画效果

Step 11 执行"合成→添加到渲染队列"命令，将该动画中的合成添加到"渲染队列"面板中，如图 2-106 所示。单击"输出模块"选项后的"无损"文字，弹出"输出模块设置"对话框，设置"格式"选项为 QuickTime，其他选项采用默认设置，如图 2-107 所示。

图 2-106　添加到"渲染队列"面板　　　　图 2-107　设置输出格式

Step12 单击"确定"按钮，完成"输出模块设置"对话框的设置，单击"输出
到"选项后的文字，弹出"将影片输出到"对话框，设置输出文件的名称和位置，
如图 2-108 所示。单击"保存"按钮，完成该合成相关输出选项的设置，如图 2-109
所示。

图 2-108 "将影片输出到"对话框　　　　　　图 2-109 "渲染队列"面板

Step13 单击"渲染队列"面板右上角的"渲染"按钮，即可按照当前的渲染输
出设置对合成进行输出操作。打开 Photoshop，执行"文件→导入→视频帧到图层"
命令，弹出"打开"对话框，选择刚输出的视频文件 24401.mov，如图 2-110 所示。
单击"打开"按钮，弹出"将视频导入图层"对话框，如图 2-111 所示。

图 2-110 选择需要导入的视频文件　　　　　　图 2-111 "将视频导入图层"对话框

Step14 默认设置，单击"确定"按钮，完成视频文件的导入，自动将视频
中每一帧画面放入"时间轴"面板，如图 2-112 所示。执行"文件→导出→存储
为 Web 所用格式"命令，弹出"存储为 Web 所用格式"对话框，如图 2-113
所示。

图 2-112　在 Photoshop 中导入视频

图 2-113　"存储为 Web 所用格式"对话框

Step 15 在"存储为 Web 所用格式"对话框中的右上角选择格式为 GIF，在右下角的"动画"选项区中设置"循环选项"为"永远"，还可以单击"播放"按钮，预览动画播放效果，如图 2-114 所示。单击"存储"按钮，弹出"将优化结果存储为"对话框，选择保存位置和保存文件名称，如图 2-115 所示。

图 2-114　设置"循环选项"　　　　　图 2-115　"将优化结果存储为"对话框

Step 16 单击"保存"按钮，即可完成 GIF 格式动画文件的输出，在输出位置，可以看到输出的 GIF 文件，如图 2-116 所示。在浏览器中预览该 GIF 动画文件，可以预览该动画效果，如图 2-117 所示。

图 2-116　输出 GIF 格式图片

图 2-117　在浏览器中预览 GIF 图片

2.5 本章小结

本章主要向读者介绍了有关交互动画效果的相关基础知识，通过本章内容的学习，读者应能够理解交互动画效果的特点、优势、应用等相关知识，以及基本动画效果的制作和表现方法。

第3章

UI 元素的交互设计

本章主要内容

　　用户与产品 UI 的交互，不仅能够体现产品与用户之间的互动，使用户快速掌握产品的使用方法，更是未来互联网营销的基础。UI 元素的交互体验更多表现为呈现给用户在界面操作上的体验，重点强调的是 UI 的可用性和易用性。

　　本章将向读者介绍 UI 交互设计的细节与表现方式，使用户能够理解并掌握 UI 中不同元素的交互表现形式，从而有效地提升 UI 的交互体验。

3.1 文字元素的设计表现

UI 中字体的选择是一种感性的、直观的行为，设计师可以通过字体来体现所要表达的情感。但是，需要注意的是选择什么样的字体要依据整个产品 UI 的设计风格和用户的感受为基准。

▶ 3.1.1 交互界面中的字体应用

在移动 UI 的设计中，通常都会使用智能手机操作系统默认的字体进行设计，尤其是 UI 中的中文字体很少去改动。但是一些产品为了营造特殊的产品格调会在 App 中嵌入字体，由于数字字体占用内存较小，所以嵌入数字字体的情况比较常见。图 3-1 所示为在 App 中嵌入数字字体示例。图 3-2 所示为在 App 中嵌入了英文衬线字体示例。

在App中嵌入粗壮的数字字体，从而突出表现界面中的成交数据

在 App 中嵌入英文衬线字体，使用衬线字体来表现文章的标题，从而起到突出的作用

图 3-1　在 App 中嵌入数字字体示例　　　图 3-2　在 App 中嵌入英文衬线字体示例

当然，如果是产品偏运营活动风格的界面或者广告界面时，字体也是非常重要的元素之一，所以字体选择得合不合适对整个界面的格调与版式都会有很大的影响，不同的字体表现效果能够营造出不同的视觉感受，如图 3-3 所示。

图 3-3　通过字体营造出不同的视觉感受

▶ 3.1.2　尽可能只使用一种字体

在一个 App 中使用过多的字体会使界面看起来非常混乱和不专业，减少界面中字体的类型数量可以增强界面的排版效果。通常情况下，在 App 界面中使用一种到两种字体即可，在设计 App 界面时，可以通过修改字体的字重、样式和大小等属性来优化界面的布局效果。

在 UI 设计中使用不同的大小字体对比，可以创建有序的、易理解的布局。但是，在同一个 UI 中如果使用太多不同大小的字体，会显得很杂乱。

在 App 界面设计中通过只使用一种字体进行排版设计，并通过在界面中设置不同的字体大小、字体颜色的深浅以及字体的粗细来区分不同信息的重要程度，从而使界面整体具有很强的统一性，并且能够有效地突出重点信息的表现，如图 3-4 所示。

图 3-4　使用一种字体对 UI 进行排版设计

在移动端 UI 设计中，通常普通的文字内容使用中性的黑、白、灰三个颜色来表现，而界面中重要的信息内容则使用与界面形成强烈对比的色彩进行突出表现，使其成为界面的视觉焦点，这样可以使用户的注意力更加集中，如图 3-5 所示。

图 3-5　通过文字对比吸引用户的注意力

▶ 3.1.3　如何体现文字的层次感

在 UI 的设计中，文字部分的层级区分是决定一个界面是否具有层次感的重要因素。一般字体可以进行调整的部分除了字体色相之外，还包括字号大小、字重（粗细）、倾斜、色彩明度等，其中字号大小是拉开文字层级的首选方法，如果通过字号大小的调整不足以清晰地区分层级时，再去考虑字体是否加粗，如图 3-6 所示。

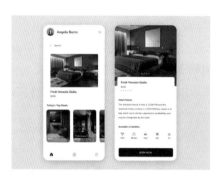

图 3-6　通过字号大小和字体加粗体现文字的层次感

与海报或广告设计相似，都需要有主题文字来吸引读者的视线。如今的 UI 设计也是如此，需要让用户一眼看到的是这个产品所需要传递的重点，其他一切都退后。如果当前界面中的文字层级过多，通过字号大小以及加粗处理都无法很好地处理文字信息层级时，再考虑色彩明度的调整，因为过多的明度变化会让界面显得不够干净，而倾斜字体在 UI 设计中很少使用，除非一些特殊的标题通过字体的倾斜增加趣味感。

图 3-7 所示为两个 UI 中的文字信息设计，第一层的标题文字从大小、字重与明度都与第二层的说明文字内容拉开了对比，这样的处理方式可以使标题的表现更突出，使用户在界面中有视觉焦点，从而使界面更具有视觉层次感。

图 3-7　体现 UI 中文字层次感

3.2　文字交互动画效果

文字是移动端界面设计中重要的元素之一，随着如今设计的共融，设计的边界也越来越模糊，过去移动端静态的主题文字设计遇上今天的时尚交互设计，使得原本安静的文字设计"动"了起来。

▶ 3.2.1　文字动画效果的表现优势

文字设计在以往 UI 设计里经常提及的是字体范式，重在其形。文字动画效果很少被人提及，一是技术限制，二是设计理念，不过随着简约设计的流行，如果能够让文字在界面中"动"起来，即使是简单的图文界面也会立即"活"起来，带给用户不同的视觉体验。

图 3-8 所示是一个文字动画效果设计示例，使用多种不同颜色的几何形状图形进行组合，结合对文字笔画的遮罩，使文字内容沿文字的正确书写笔画逐渐显示出来，并且显示的过程中这些多种色彩的几何形状在画面中的跳跃，使文字整体的表现非常欢快，使得文字具有非常强烈的表现效果。

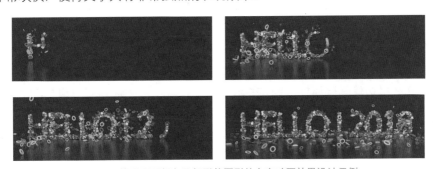

图 3-8　使用不同颜色几何形状图形的文字动画效果设计示例

文字动画效果在移动端界面设计中的表现优势主要表现在以下几个方面：

（1）采用动画效果的文字除了看起来漂亮和取悦用户以外，动画也解决了很多界面上的实际性问题。动画起了一个"传播者"的作用，比起静态文字描述，动画文字能使内容表达得更彻底、更简洁以及更具冲击；

（2）运动的物体可吸引人的注意力。让界面中的主题文字动起来，是一个很好的突出表现主题的方式，且不会让用户感到突兀；

（3）文字动画能够在一定程度上丰富界面的表现力，提升界面的设计感，使界面充满活力。

图 3-9 所示是文字动画效果，通过墨点的弹跳变形出字母笔画，结合遮罩的运用逐渐显示出其他的文字笔画内容，使得该文字的动画效果表现得更加富有动感。

图 3-9　通过墨点表现的文字动画效果

▶ 3.2.2　常见文字动画效果表现形式

文字动画的制作和表现方法与其他元素动画的表现方法类似，大多数都是通过对文字的基础属性来实现的，还有通过对文字添加蒙版或添加效果来实现各种特殊的文字动画效果，下面介绍几种常见的文字动画效果。

1. 基础文字动画效果

最简单的就是基础文字动画效果，基于"文字"的位置、旋转、缩放、透明度、填充和描边等基础属性来制作关键帧动画，可以逐字逐词制作动画，也可以对一句文本内容来制作动画，灵活运用基础属性也可以表现出丰富的动画效果。

图 3-10 所示是一个基础的文字动画效果，两部分文字分别从左侧和底部模糊入场，通过文字的"撞击"，使上面颠倒的文字翻转为正常的表现效果，从而构成完整的文字表现内容。

2. 文字遮罩动画效果

遮罩是动画中一种常见的表现形式，在文字动画效果中也不例外。从视觉感官上来说，通过简单的元素、丰富得体的运动设计，营造的冲击力清新而美好。文字遮罩动画的表现形式也非常多，但需要注意的是，在设计文字动画时，形式勿大于内容。

图 3-10　基础文字动画效果

图 3-11 所示是一个文字运动遮罩动画效果，通

图 3-11　文字运动遮罩动画效果

过一个矩形的图形在界面中左右移动，每移动一次都会通过遮罩的形式表现出新的主题文字内容，最后使用遮罩的形式使主题文字内容消失，从而实现动画的循环。在动画的处理过程中适当地为元素加入缓动和模糊效果，使得动画的表现效果更加自然。

3. 与手势结合的文字动画效果

随着智能设备的兴起，"手势动画"也随之大热。这里所说的与手势相结合的文字动画效果指的是真正的手势，即让手势参与到文字动画效果的表现中来，简单地理解，也就是在文字动画效果的基础上加上"手"这个元素。

图 3-12 所示是一个与手势相结合的文字动画效果，通过人物的手势将主题文字放置在场景中，并且通过手指的滑动遮罩显示相应的文字内容，最后通过人物的抓取手势，制作出主题文字整体遮罩消失的效果。将文字与人物操作手势相结合，给人一种非常新奇的表现效果。

图 3-12　与手势结合的文字动画效果

4. 粒子消散动画效果

将文字内容与粒子动画效果相结合可以制作出文字的粒子消散动画效果，能够给人很强的视觉冲击力。尤其是在 After Effects 中，利用各种粒子插件，如 Trapcode Particular、Trapcode Form 等，可以表现出多种炫酷的粒子动画效果。

图 3-13 所示是一个文字粒子消散动画效果，主题文字转变为细小的粒子并逐渐扩散，从而实现转场，转场后的大量粒子逐渐聚集形成新的主题文字内容。使用粒子动画效果的方式来表现文字效果，给人一种炫酷的视觉效果。

5. 光效文字动画效果

在文字动画效果的表现过程中加入光晕或光线的效果，通过光晕或光线的变换从而表现出主题文字，使得文字效果的表现更加富有视觉冲击力。

图 3-14 所示是一个光效文字动画效果，通过光晕动画与文字的 3D 翻转相结合来表现主题文字，视觉效果表现强烈，能够给人带来较强的视觉冲击。

图 3-13　文字粒子消散动画效果

6. 文字云动画效果

在文字排版中，"文字云"的形式越来越受到大家的喜欢，那么，同样可以使用文字云的形式来表现文字的动画效果，既能够表现文字内容，也能够通过文字所组合而成的形状表现其主题。

图 3-15 所示是一个文字云动画效果，主题文字与其相关的各种关键词内容从各个方向飞入组成汽车状图形，非常生动并富有个性。

图 3-14　光效文字动画效果

图 3-15　文字云动画效果

☆ 提示

除了以上所介绍的几种常见的文字动画效果表现形式外，还有许多其他的文字动画效果，但是仔细进行分析可以发现，这些文字动画效果基本上都是通过基本动画效果结合遮罩或一些特效表现出来的，这就要求在文字动画效果的制作过程中能够灵活地运用各种基础动画效果表现形式。

▶ 3.2.3　制作遮罩标题文字动画效果

　　文字动画效果多用于演示型动画效果，主要起到烘托氛围的作用，本节将带领读者一起来制作一个遮罩标题文字动画效果，该动画效果通过遮罩实现矩形边框和文字内容的显示，效果简单、实用。

☆实战　制作遮罩标题文字动画效果☆

源文件：第 3 章 \3-2-3.aep　　　　　　视频：第 3 章 \3-2-3.mp4

微视频

Step 01 打开 After Effects 软件，执行"合成→新建合成"命令，弹出"合成设置"对话框，设置如图 3-16 所示。单击"确定"按钮，新建合成。执行"文件→导入→文件"命令，在弹出的对话框中导入图像素材文件"素材 \32301.jpg"，如图 3-17 所示。

素材

图 3-16　"合成设置"对话框

图 3-17　导入图像素材

　　Step 02 将导入的素材图片拖入"时间轴"面板中，并将该图层锁定，效果如图 3-18 所示。使用"横排文字工具"，在"字符"面板中对文字属性进行设置，在"合成"窗口中单击并输入相应的文字，如图 3-19 所示。

　　Step 03 选择部分文字，将其文字颜色修改为白色。使用"向后平移（锚点）工具"，调整锚点至文字内容的中心位置，如图 3-20 所示。不要选中任何对象，使用"矩形工具"，设置"填充"为无，"描边"为 #41EEEE，"描边宽度"为 12 像素，在"合成"窗口中绘制矩形边框，如图 3-21 所示。

图 3-18 "时间轴"面板

图 3-19 输入文字

图 3-20 调整元素中心点位置

图 3-21 绘制矩形边框

Step 04 使用"向后平移（锚点）工具"，调整锚点至矩形边框图形的中心位置，并调整该图形至合适的大小和位置，如图 3-22 所示。将"形状图层 1"重命名为"矩形边框"，展开该图层下方的"矩形 1"选项下方的"矩形路径 1"选项，取消"大小"属性的"约束比例"功能，如图 3-23 所示。

图 3-22 调整图形至合适的大小和位置

图 3-23 取消"大小"属性的"约束比例"功能

Step 05 将"时间指示器"移至 0 秒 12 帧的位置，为"大小"属性插入关键帧，设置"宽度"为 920，"高度"为 0，效果如图 3-24 所示。选择该图层，按快捷键 U，在该图层下方只显示添加了关键帧的属性，如图 3-25 所示。

图 3-24　图形效果　　　　　　　　　　　　　图 3-25　"时间轴"面板

Step 06 将"时间指示器"移至 0 秒 0 帧的位置，设置"大小"属性的"宽度"为 0，效果如图 3-26 所示。将"时间指示器"移至 1 秒 12 帧的位置，设置"大小"属性的"高度"为 216，效果如图 3-27 所示。

图 3-26　"宽度"为 0 的图形效果　　　　　　图 3-27　"宽度"为 216 的图形效果

Step 07 同时选中该图层的 3 个属性关键帧，按快捷键 F9，应用"缓动"效果，如图 3-28 所示。单击"时间轴"面板上的"图表编辑器"按钮，进入图表编辑器模式，对运动速度曲线进行调整，如图 3-29 所示。

图 3-28　为关键帧应用"缓动"效果　　　　　图 3-29　调整运动速度曲线

Step 08 再次单击"图表编辑器"按钮，退出图表编辑器模式。选择"矩形边框"图层，按快捷键 Ctrl+D，原位复制该图层，将复制得到的图层重命名为"文字遮罩"，如图 3-30 所示。选择"文字遮罩"图层，使用"矩形工具"，在工具栏中设置"填充"为白色，"描边"为无，效果如图 3-31 所示。

图 3-30　复制图层并重命名

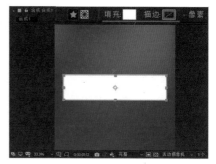

图 3-31　设置图形的填充和描边

Step09 将文字图层调整至"文字遮罩"图层下方，设置文字图层的"轨道遮罩"为"Alpha 遮罩'文字遮罩'"选项，如图 3-32 所示。将"时间指示器"移至1 秒 12 帧的位置，按快捷键 P，显示文字图层的"位置"属性，为该属性插入关键帧，如图 3-33 所示。

图 3-32　设置"轨道遮罩"选项

图 3-33　插入"位置"属性关键帧

Step10 将"时间指示器"移至 0 秒 12 帧的位置，在"合成"窗口中将文字内容向下移至合适的位置，如图 3-34 所示。同时选中该图层的两个属性关键帧，按快捷键 F9，应用"缓动"效果，如图 3-35 所示。

图 3-34　向下移动文字位置

图 3-35　为关键帧应用"缓动"效果

Step11 单击"时间轴"面板上的"图表编辑器"按钮，进入图表编辑器模式，对运动速度曲线进行调整，如图 3-36 所示。再次单击"图表编辑器"按钮，退出图表编辑器模式。不要选中任何对象，使用"矩形工具"，在工具栏中设置"填充"为白色，"描边"为无，在画布中绘制一个矩形，如图 3-37 所示。

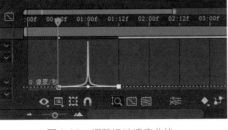

图 3-36　调整运动速度曲线

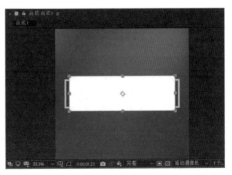

图 3-37　绘制矩形

Step 12 将"时间指示器"移至 3 秒的位置，展开"形状图层 1"下方的"矩形 1"选项下方的"矩形路径 1"选项，为"大小"属性插入关键帧，取消"约束比例"功能，如图 3-38 所示。将"时间指示器"移至 1 秒 12 帧的位置，设置"大小"属性的"宽度"为 0，效果如图 3-39 所示。

图 3-38　插入"大小"属性关键帧

图 3-39　图形效果

Step 13 同时选中该图层的两个属性关键帧，按快捷键 F9，应用"缓动"效果，如图 3-40 所示。单击"时间轴"面板上的"图表编辑器"按钮，进入图表编辑器模式，对运动速度曲线进行调整，如图 3-41 所示。

图 3-40　为关键帧应用"缓动"效果

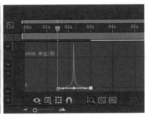

图 3-41　调整运动速度曲线

Step 14 将"形状图层 1"调整至"矩形边框"图层的上方，选择"矩形边框"图层，设置该图层的"轨道遮罩"为"Alpha 反转遮罩'形状图层 1'"选项，如图 3-42 所示，"合成"窗口的效果如图 3-43 所示。

图 3-42　设置"轨道遮罩"选项

图 3-43　"合成"窗口效果

Step15 执行"图层→新建→空对象"命令，在所有图层上方新建一个空对象图层，如图 3-44 所示。使用"向后平移（锚点）工具"，调整锚点至空对象元素的中心位置，并调整该空对象元素到合适的位置，如图 3-45 所示。

图 3-44　新建空对象图层

图 3-45　调整空对象元素到合适位置

Step16 选择空对象图层，按快捷键 S，显示该图层的"缩放"属性，将"时间指示器"移至 2 秒 12 帧的位置，为"缩放"属性插入关键帧，如图 3-46 所示。将"时间指示器"移至 3 秒 12 帧的位置，设置"缩放"属性值为 95%，如图 3-47 所示。

图 3-46　插入"缩放"属性关键帧

图 3-47　设置"缩放"属性值

Step17 同时选中该图层的两个关键帧，按快捷键 F9，为其应用"缓动"效果，如图 3-48 所示。在"时间轴"面板中将相应图层的"父级和链接"选项都指向空对象图层，并且将空对象图层隐藏，如图 3-49 所示。

图 3-48　为关键帧应用"缓动"效果

图 3-49　设置"父级和链接"选项

Step 18 在"项目"面板上的合成上右击，在弹出的快捷菜单中选择"合成设置"命令，弹出"合成设置"对话框，修改"持续时间"为 5 秒，如图 3-50 所示。单击"确定"按钮，完成"合成设置"对话框的设置，"时间轴"面板如图 3-51 所示。

图 3-50　设置"持续时间"选项

图 3-51　"时间轴"面板

Step 19 完成该遮罩标题文字动画效果的制作，单击"预览"面板中的"播放/停止"按钮▶，可以在"合成"窗口中预览动画效果。用户也可以根据前面介绍的渲染输出方法，将该动画渲染输出为视频文件，再使用 Photoshop 将其输出为 GIF 格式的动画，效果如图 3-52 所示。

图 3-52　遮罩标题文字动画效果

3.3 图标元素的设计表现

图标是 UI 设计中的重要元素，也是视觉传达的主要手段之一。图标应当是简约的，作为视觉元素它应当能让用户立即、快速地分辨出来。

▶ 3.3.1 图标的功能

图标是 UI 设计中的点睛之笔，既能辅助文字信息的传达，又能作为信息载体被高效地识别，并且图标还有一定的装饰作用，可以提高 UI 的美观度。

1. 明确传达信息

图标在 UI 中一般是提供点击功能或者与文字相结合描述功能选项的，了解其功能后要在其易辨认性上下功夫，不要将图标设计得太花哨，否则用户不容易看出它的功能。好的图标设计是只要用户看一眼外形就知道其功能，并且 UI 中所有图标的风格要统一，如图 3-53 所示。

使用图标在移动 App 界面中表现功能，具有很好的识别性，可以起到突出功能和选项的作用

图 3-53　通过图标明确传达功能与信息

2. 功能具象化

图标设计要使移动 UI 的功能具象化，更容易理解。常见的图标元素本身在生活中就经常见到，这样做的目的是使用户可以通过一个常见的事物，理解抽象的移动 UI 功能，如图 3-54 所示。

3. 娱乐性

优秀的图标设计，可以为移动 UI 增添动感。UI 设计趋向于精美和细致，设计精良的图标可以让所设计的 UI 在众多设计作品中脱颖而出，这样的 UI 设计更加连贯、富于整体感、交互性更强，如图 3-55 所示。

简约象形图标与文字相结合，表现重要的选项和功能，通常采用纯色来设计简约图标

图 3-54　使用户容易理解相应的功能

通过线框图标设计，将功能表现得更具体和形象

图 3-55　图标使 UI 表现更形象

4. 统一形象

统一的图标设计风格形成 UI 的统一性，代表了移动应用的基本功能特征，凸显了移动应用的整体性和整合程度，给人以信赖感，同时便于记忆，如图 3-56 所示。

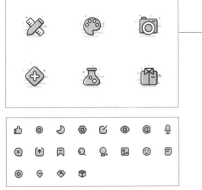

统一风格的图标设计，有助于系统整体形象的统一，给用户良好的视觉效果

图 3-56　统一的图标设计风格使 UI 的视觉形象更统一

5. 美观大方

图标设计也是一种艺术创作，极具艺术美感的图标能够提高产品的品位，图标不但要强调其示意性，还要强调产品的主题文化和品牌意识，图标设计被提高到前所未有的高度，如图 3-57 所示。

图 3-57　图标设计使 UI 的视觉表现更美观

▶ 3.3.2　图标的表现形式以及适用场景

UI 中的图标具有多种表现形式，例如，线性图标、面性图标等，不同表现形式的图标适用于不同的场景，下面将介绍 UI 中图标的常见表现形式以及适用场景。

1. 线性图标

线性图标是由直线、曲线、点等元素组合而成的图标样式。线性图标通常只保留需要表现的功能的外形轮廓，切记在线性图标的设计中细节不要过多，否则会引起图标意义的混乱。线性图标轻巧简练，给人一定的想象空间，并且不会对界面产生太大的视觉干扰。

由于线性图标的视觉层级较轻，通常应用在 UI 底部标签栏中未点击状态，如图 3-58 所示。

在界面底部的标签栏中应用简约的线性图标，其中当前所在位置的图标显示为黑色的面性图标，从而有效地与其他线性图标相区别，突出用户当前所在的位置

图 3-58　底部标签栏中的线性图标

　　如果 UI 中的功能入口较多，通常也会使用线性图标，但是线性图标很少用作主要功能入口。

　　线性图标不宜过于复杂，尤其面积小越要简练，一些功能入口图标由于面积比较大，可以多设计一些细节，从而防止视觉上的单调。对于线性图标的设计，通常会采用断点、粗细线条结合、图形点缀等多种方式去描绘，如图 3-59 所示。

图 3-59　线性图标的设计示例

　　另外，需要注意的是，纯色线性图标适用于大部分常规属性产品，而多色线性图标更显得活泼、年轻化。从视觉层级上来说，多色线性图标的视觉层级较高。如图 3-60 所示为多色线性图标在 UI 中的应用。

多色线性图标的使用可以使 UI 看起来更加活泼、年轻

图 3-60　多色线性图标的应用示例

2. 面性图标

　　面性图标更容易吸引用户的视觉，而且面性图标与按钮类似，能够给用户一种可点击的心理预期，通常 UI 中重要的功能入口都会使用面性图标来表现。

　　面性图标又分为反白和形状两种，反白图标是指底部有图形背景衬托，这种图标一般是最高层级的图标，常用于首页标签式布局，通常情况下一屏不超过 10 个。图 3-61 所示为一个电商 App 界面中的反白面性图标设计应用示例，通过这些图标突出表现该 App 中的重要功能入口。

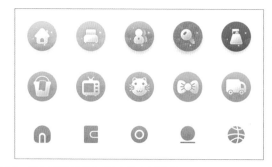

图 3-61　反白面性图标在 UI 中的应用示例

　　形状图标是指没有底部背景衬托，纯形状图形组成的图标，这种图标应用较为广泛，设计的方法也没有固定的章法，唯一需要注意的是图形风格与 UI 相统一。图 3-62 所示为一个电商 App 的界面设计，界面中重要的功能入口使用了高饱和度彩色反白面性图标设计，底部标签栏中的图标则使用了纯色形状面性图标设计。

高饱和度彩色反白面性图标，表现效果非常突出

纯色形状面性图标

图 3-62　面性图标在 UI 中的应用示例

☆ 提示

　　面性图标的视觉层级较重，通常用于表现 UI 中重要的功能入口，如果界面中一些视觉层级比较低的文字需要使用图标点缀，尽量选择使用线性图标而不要使用面性图标。

3. 线面结合图标

　　线面结合图标比纯线性或者面性图标更多了一些设计细节，视觉层级也比较高，通常用于 UI 中的功能入口、空状态、标签栏等。需要注意的是，线面结合图标比较突出年轻、文艺的表现效果，所以属性比较稳重的产品不太适合。图 3-63 所示为一款医疗 App 界面中的图标设计，为了便于在界面中突出不同的病症分类选项，采用了线面结合的方式设计图标，从而突出功能入口的表现效果。

图 3-63　线面结合图标的应用示例

3.4　图标交互动画效果

图标设计反映了人们对于事物的普遍理解，同时也展示了社会、人文等多种内容。精美的图标是一个好的 UI 的设计基础，无论是何种行业，用户总会喜欢美观的产品，美观的产品总会为用户留下良好的第一印象。而出色的动态图标设计，能够更加出色地诠释该图标的功能。

▶ 3.4.1　常见图标动画效果表现形式

现在越来越多的 App 和 Web 应用都开始注重图标的动态交互效果设计，例如，手机在充电过程中电池图标的动画效果表现，如图 3-64 所示，以及音乐播放软件中播放模式的改变等，如图 3-65 所示。恰到好处的交互动画效果可以给用户带来愉悦的交互体验。

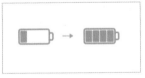

<table>
<tr><td style="text-align:center">图 3-64　充电图标动画效果</td><td style="text-align:center">图 3-65　播放模式图标动画效果</td></tr>
</table>

过去，图标的转换都十分死板，而近年来开始流行在切换图标的时候加入过渡动画效果，这种交互动画效果能够有效提高产品的用户体验，给 App 添色不少。下面向大家介绍图标动画效果的一些表现方法，便于在图标交互动画效果设计过程中合理应用。

1. 属性转换法

绝大多数的图标动画效果都离不开属性的变化，这也是应用最普遍、最简单的一种图标动画效果表现方法。属性包含了位置、大小、旋转、透明度、颜色等，通过这些属性来制作图标的动画效果，如果能够恰当地应用，同样可以表现出令人眼前一亮的图标动画效果。

图 3-66 所示是一个下载图标的动画效果，通过对图形的位置和颜色属性的变化从而表现出简单的动画效果，在动画效果中同时加入缓动，使动画效果的表现更加真实。

图 3-66　下载图标动画效果

2. 路径重组法

路径重组法是指将组成图标的笔画路径在动画效果过程中进行重组，从而构成一个新的图标。采用路径重组法的图标动画效果，需要设计师能够仔细观察两个图标之间笔画的关系，这种图标动画效果的表现方法也是目前比较流行的图标交互动画效果。

图 3-67 所示是一个"菜单"图标与"返回"图标之间的交互切换动画效果，组成"菜单"图标的 3 条路径进行旋转、缩放的变化组成箭头形状的"返回"图标，与此同时进行整体的旋转，最终过渡到新的图标。

图 3-67　菜单图标切换动画效果

图 3-68 所示是一个音量图标的正常状态与静音状态之间的交互切换动画效果，对正常状态下的两条路径进行变形处理，将这两条路径变形为交叉的两条直线并放置在图标的右上角，从而切换到静音状态。

图 3-68　音量状态图标切换动画效果

3. 点线面降级法

点线面降级法是指应用设计理念中点、线、面的理论，在动画效果表现过程中可以将面降级为线、将线降级为点来表现图标的切换过渡动画效果。

面与面进行转换的时候，可以使用线作为介质，一个面先转换为一根线，再通过这根线转换成另一个面。同样的道理，线和线转换时，可以使用点作为介质，一根线先转换成一个点，再通过这个点转换成另外一根线。

图 3-69 所示是一个"记事本"图标与"更多"图标之间的交互切换动画效果，"记事本"图标的路径由线收缩为点，然后由点再展开为线，直到变成圆环形，并进行旋转，从而实现从圆角矩形到圆形的切换动画效果。

图 3-69 点线切换图标动画效果

4. 遮罩法

遮罩法也是图标动画中常用的一种表现方法，两个图形之间相互转换时，可以使用其中一个图形作为另一个图形的遮罩，也就是边界，当这个图形放大的时候，因为另一个图形作为边界的缘故，转换变成另一个图形的形状。

图 3-70 所示是一个"时间"图标与"字符"图标之间的交互切换动画效果，"时间"图标中指针图形越转越快，同时正圆形背景也逐渐放大，使用不可见的圆角矩形作为遮罩，当正圆形缩放到一定程度时，被圆角矩形遮罩从而表现出圆角矩形背景，而时间指针图形也通过位置和旋转属性的变化构成新的图形。

图 3-70 图标遮罩切换动画效果

5. 分裂融合法

分裂融合法是指构成图标的图形笔画相互融合变形从而切换为另外一个图标。分裂融合法特别适用于其中一个图标是一个整体，另一个图标由多个分离的部分组成的情况。

图 3-71 所示是一个正圆形与"网格"图标之间的交互切换动画效果，一个正圆形缩小并逐渐按顺序分裂出 4 个圆角矩形，分裂完成出正圆形效果，过渡到由 4 个圆角矩形构成的"网格"图标。

图 3-71 图标分裂融合切换动画效果

6. 图标特性法

图标特性法是指根据所设计的图标在日常生活中的特征或者根据图标需要表达的实际意义，来设计图标的交互动画效果，这就要求设计师具有较强的观察能力和思维发散性。

图 3-72 所示是一个"删除"图标的动画效果，通过垃圾桶图形来表现该图标，

在图标动画效果的设计中，通过垃圾桶的压缩及反弹以及模拟重力反弹的盖子，使得该"删除"图标的表现非常生动。

图 3-72 "删除"图标动画效果

▶ 3.4.2 制作日历图标动画效果

设计动态的图标效果，可以使该图标的表现更加直观，具有更强烈的视觉表现效果。本节将带领读者完成一个日历图标动画效果的制作。在日常生活中，日历最常见的就是翻页的效果，本节所制作的日历图标动画效果同样实现的是日历的翻折效果，使得该日历图标的表现更加生动。

☆实战 制作日历图标动画效果☆

源文件：第 3 章 \3-4-2.aep 视频：第 3 章 \3-4-2.mp4

微视频

素材

Step01 打开 After Effects 软件，执行"文件→导入→文件"命令，在弹出的"导入文件"对话框中选择需要导入的素材文件"素材 \34201.psd"，如图 3-73 所示。单击"导入"按钮，在弹出的设置对话框中对相关选项进行设置，如图 3-74 所示。

图 3-73 选择素材文件

图 3-74 设置对话框

Step02 单击"确定"按钮，导入素材文件并自动创建合成，如图 3-75 所示。在"项目"面板中双击"34201"合成，在"合成"窗口中可以看到该合成的效果，如图 3-76 所示。

Step03 在"时间轴"面板可以看到该合成中的相关图层，将"背景"和"阴影"图层锁定，如图 3-77 所示。同时选中其他 3 个图层，执行"图层→预合成"命令，弹出"预合成"对话框，设置如图 3-78 所示。

图 3-75 "项目"面板

图 3-76 "合成"窗口

图 3-77 "时间轴"面板

图 3-78 "预合成"对话框

Step04 单击"确定"按钮，将所选中的图层创建为预合成，如图 3-79 所示。按快捷键 Ctrl+D 两次，将"底层"预合成并复制两次，并将复制得到的分别重命名为"第 1 层"和"第 2 层"，如图 3-80 所示。

图 3-79 创建预合成

图 3-80 复制预合成并重命名

Step05 选择"第 1 层"，使用"矩形工具"，在"合成"窗口中绘制一个矩形，从而为该层添加一个矩形蒙版，如图 3-81 所示。选择"第 1 层"下方的"蒙版 1"选项，按快捷键 Ctrl+C，复制蒙版，选择"第 2 层"，按快捷键 Ctrl+V，粘贴蒙版，使用"选取工具"，在"合成"窗口中将粘贴得到的矩形蒙版图形向下移至合适的位置，如图 3-82 所示。

Step06 选择"第 1 层"，单击该图层的"3D 图层"按钮，将其转换为 3D 图层，如图 3-83 所示。将"时间轴"面板中的"第 2 层"和"底层"暂时隐藏，展开"第 1 层"的"变换"选项，在起始位置为"X 轴旋转"属性插入关键帧，如图 3-84 所示。

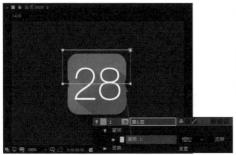

图 3-81　绘制矩形蒙版

图 3-82　复制并粘贴矩形蒙版

图 3-83　开启 3D 图层

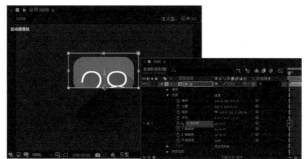

图 3-84　插入"X 轴旋转"属性关键帧

Step 07 选择"第 1 层"，按快捷键 U，只显示该图层插入关键帧的属性，将"时间指示器"移至 0 秒 12 帧的位置，设置"X 轴旋转"属性值为 90°，效果如图 3-85 所示。同时选中这两个关键帧，按快捷键 F9，为这两个关键帧应用"缓动"效果，如图 3-86 所示。

图 3-85　设置"X 轴旋转"属性值

图 3-86　为关键帧应用"缓动"效果

Step 08 显示"第 2 层"，单击该图层的"3D 图层"按钮，将其转换为 3D 图层，将"时间指示器"移至 0 秒 12 帧的位置，展开该图层的"变换"选项，为"X 轴旋转"属性插入关键帧，并设置该属性值为 -90°，如图 3-87 所示，"合成"窗口中的效果如图 3-88 所示。

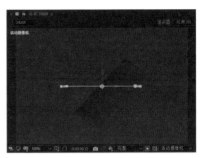

图 3-87　插入 "X 轴旋转" 属性关键帧　　　　图 3-88　设置 "X 轴旋转" 属性值后的效果

Step 09 选中 "第 2 层"，按快捷键 U，只显示该图层插入关键帧的属性，将 "时间指示器" 移至 1 秒的位置，设置 "X 轴旋转" 属性值为 0°，如图 3-89 所示。将 "时间指示器" 移至 1 秒 07 帧的位置，设置 "X 轴旋转" 属性值为 -15°，如图 3-90 所示。

图 3-89　设置 "X 轴旋转" 属性值　　　　　图 3-90　设置 "X 轴旋转" 属性值

Step 10 将 "时间指示器" 移至 1 秒 12 帧的位置，设置 "X 轴旋转" 属性值为 0°，如图 3-91 所示。同时选中该图层中的 4 个关键帧，按快捷键 F9，为这两个关键帧应用 "缓动" 效果，如图 3-92 所示。

图 3-91　设置 "X 轴旋转" 属性值　　　　　图 3-92　为关键帧应用 "缓动" 效果

Step 11 在"时间轴"面板中显示出"底层",不要选择任何图层,使用"圆角矩形工具",在工具栏中设置"填充"为黑色,"描边"为无,选中"贝塞尔曲线路径"复选框,如图 3-93 所示。在"合成"窗口中绘制一个圆角矩形,如图 3-94 所示。

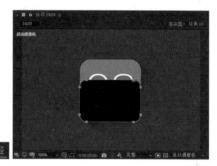

图 3-93　设置工具栏选项　　　　　　　图 3-94　绘制圆角矩形

Step 12 使用"选取工具",结合"转换'顶点'工具"对该圆角矩形路径进行调整,如图 3-95 所示。将该图层调整至"第 2 层"下方,"底层"上方,如图 3-96 所示。

图 3-95　调整圆角矩形路径　　　　　　　图 3-96　调整图层叠放顺序

Step 13 将"时间指示器"移至 0 秒 12 帧的位置,选择"形状图层 1",按快捷键 T,显示该图层的"不透明度"属性,为该属性插入关键帧,并设置该属性值为 0,如图 3-97 所示。将"时间指示器"移至 1 秒的位置,设置"不透明度"属性为 70%,如图 3-98 所示。

图 3-97　插入"不透明属性"属性关键帧　　　图 3-98　设置"不透明属性"关键帧属性值

Step 14 在"项目"面板上的合成上右击，在弹出的快捷菜单中选择"合成设置"命令，弹出"合成设置"对话框，修改"持续时间"为 3 秒，如图 3-99 所示。单击"确定"按钮，完成"合成设置"对话框的设置，"时间轴"面板如图 3-100 所示。

图 3-99　修改"持续时间"选项

图 3-100　"时间轴"面板

Step 15 完成日历图标动画效果的制作，单击"预览"面板上的"播放 / 停止"按钮 ▶，可以在"合成"窗口中预览动画效果。用户也可以根据前面介绍的渲染输出方法，将该动画渲染输出为视频文件，再使用 Photoshop 将其输出为 GIF 格式的动画，效果如图 3-101 所示。

图 3-101　日历图标的最终动画效果

3.5　交互按钮的设计表现

按钮是 UI 设计中非常重要的元素之一，特点鲜明的按钮能够诱导用户进行点击操作。UI 中的按钮主要具有两个作用：一是提示性作用，通过提示性的文本或者图形告诉用户点击后会有什么结果；二是动态响应作用，即当用户在进行不同的操作时，按钮能够呈现出不同的效果。

3.5.1　交互按钮的样式与应用

在移动 App 的使用过程中，人们常常需要通过界面中的各种按钮的引导来实现相应的操作，在实现 UI 的交互操作时，也几乎离不开按钮。本节将从按钮的样式方面介绍不同样式交互按钮的设计趋势和应用场景。

1.大色块按钮

大色块按钮是目前在 App 界面中应用最为广泛的一种交互按钮形式，即扁平的色块背景上添加文字或图标，这种大色块按钮的表现形式适用于绝大多数的 UI 设计。

应用场景：大色块按钮在 UI 中的使用频率非常高，因为大色块按钮具有很强的视觉突出性，能够在第一时间锁定用户的视觉焦点，所以非常适合用来引导用户在UI 中的操作。图 3-102 所示为大色块按钮在 UI 中的应用示例。

图 3-102　大色块按钮在 UI 中的应用示例

2.幽灵按钮

幽灵按钮有着最简单的扁平化几何形状图形，如正方形、矩形、圆形、菱形，没有填充色，只有一条浅浅的轮廓线条。除了线框和文字之外，它完全（或者说几乎）是透明的。"薄"和"透"是幽灵按钮的最大特点。不设置背景色、不添加纹理，按钮仅通过简洁的线框标明边界，确保了它作为按钮的功能性，又达成了"纤薄"的视觉美感。

应用场景：幽灵按钮多应用于界面背景比较丰富的地方，幽灵按钮不会过于抢眼，不会对背景遮挡过多，在一些以照片或插画为背景的界面上不会显得过于突兀，由于描边按钮的突出性大大低于大色块按钮，也可以与色块搭配使用，使得更加主次分明。图 3-103 所示为幽灵按钮在 UI 中的应用示例。

图 3-103　幽灵按钮在 UI 中的应用示例

3. 投影样式按钮

投影样式按钮通常是在大色块按钮的基础上"加工"而来的，在按钮底部添加与按钮同色或者更浅色的柔和阴影效果。

应用场景：通常在大色块按钮的基础上，如果希望按钮在 UI 中的表现效果更加突出，或者想使界面的视觉层次关系更加分明，样式更加靓丽，就可以使用投影样式按钮。图 3-104 所示为投影样式按钮在 UI 中的应用示例。

图 3-104　投影样式按钮在 UI 中的应用示例

4. 渐变色按钮

在扁平化设计风潮中都是以纯色按钮居多，随着最近渐变色在 UI 设计中的流行，为按钮应用渐变色也越来越多，在靓丽的渐变色基础上再为按钮添加投影效果，可以使按钮的视觉效果更加出彩。

应用场景：渐变色按钮在 UI 中同样具有很强的突出性和指引性，视觉效果也非常出彩，但是也需要根据产品特性来选择性地使用，渐变中的颜色也一般离不开产品的主色调。图 3-105 所示为渐变色按钮在 UI 中的应用示例。

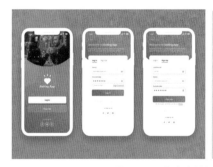

图 3-105　渐变色按钮在 UI 中的应用示例

5. 半透明按钮

顾名思义，按钮背景色块为半透明，显得比大色块按钮更加轻盈，UI 整体的视觉和谐度也更高，但是半透明按钮不如大色块按钮的指引性强。

应用场景：半透明按钮虽然指引性不强，但是如果想使用按钮作为操作引导，并且能够保持 UI 的整体和谐，那么还是比较适合使用半透明按钮的。图 3-106 所示为半透明按钮在 UI 中的应用示例。

图 3-106　半透明按钮在 UI 中的应用示例

▶ 3.5.2　如何设计出色的交互按钮

用户每天都会接触各种按钮，从现实世界到虚拟世界，从桌面端到移动端，它是如今 UI 设计中最小的元素之一，同时也是最关键的控件。在设计交互按钮的时候，人们是否想过用户会在什么情形下与之交互？按钮将会在整个交互和反馈的循环中提供信息？

1. 按钮需要看起来可点击

用户看到 UI 中可点击的按钮会有点击的冲动，虽然按钮在屏幕上会以各种各样的尺寸出现，并且通常都具备良好的可点击性，但是在移动端设备上按钮本身的尺寸和按钮周围的间隙尺寸都是非常有讲究的。

想要使 UI 中所设计的按钮看起来可点击，注意下面的技巧：

（1）增加按钮的内边距，使按钮看起来更加容易点击，引导用户点击；

（2）为按钮添加微妙的阴影效果，使按钮看起来"浮动"出页面，更接近用户；

（3）为按钮添加点击操作的交互效果，例如，色彩的变化等，提示用户。

图 3-107 所示为一个 App 的注册和登录界面，分别使用不同的颜色来表现不同的功能操作按钮，便于用户的区分。

2. 按钮的色彩很重要

按钮作为用户交互操作的核心，在 UI 中适合使用高饱和度的色彩进行突出强调，但是按钮色彩的选择需要根据整个 UI 的配色来进行搭配。

UI 中按钮的色彩应该是明亮而迷人的，这也是为什么那么多 UI 设计都喜欢采用明亮的红色、黄色和蓝色的按钮设计的原因。想要按钮在界面中具有突出的视觉效果，最好选择与背景色相对比的色彩作为按钮的色彩进行设计。

图 3-108 所示为一个手表电商 UI，使用无彩色的深灰色作为界面的背景主色调，在界面中搭配白色的文字和灰色的产品图片，而界面中的功能操作按钮和主要

功能图标则使用了高饱和度的红色，在界面中的表现非常突出，从而有效突出该功能操作按钮的视觉表现效果。

图 3-107 登录和注册界面中的按钮

图 3-108 手表电商 UI 中的按钮

3. 按钮的尺寸

只有当按钮尺寸够大的时候，用户才能在刚进入产品界面的时候就被它所吸引。虽然幽灵按钮可以占据足够大的面积，但是幽灵按钮在视觉重量上的不足，使得它并不是最好的选择。所以说，"大"不仅仅是尺寸上的"大"，在视觉重量上同样要"大"。

按钮的尺寸大小也是一个相对值。有的时候，同样尺寸的按钮，在一种情况下是完美的大小，在另外一个界面中可能就是过大了。很大程度上，按钮的尺寸大小取决于周围元素的大小比例。

图 3-109 所示为一个社交类 App 界面，界面整体使用纯白色作为背景颜色，突出界面中信息内容的表现，界面的视觉表现效果简洁、大方，在界面底部使用通栏的方式表现功能操作按钮，充分吸引用户的注意。

图 3-109 界面底部通栏按钮

☆ 提示

普通用户的指尖尺寸通常为 8～10 毫米，所以在移动 UI 中的交互按钮尺寸最少也需要设置在 10 毫米×10 毫米，这样才能够便于用户的触摸点击，这也算是移动 UI 设计中约定俗成的规则了。

4. 合适的位置

按钮应该放置在界面的哪些位置呢？界面中哪些地方能够为产品带来更多的点击量？

大多数情况下，应该将按钮放置在一些特定的位置，例如，表单的底部、在触发行为操作的信息附近、在界面或者屏幕的底部、在信息的正下方。因为无论是 PC 端还是移动端的页面中，这些位置都遵循了用户的习惯和自然的交互路径，使得用户的操作更加方便、自然。

图 3-110 所示为一个电商表单 UI，表单相关的功能操作按钮需要与表单元素靠在一起，从而形成一个整体。在该 App 界面的设计中，使用深灰色的背景来突出界面中表单选项与按钮的表现，同时也使得表单部分形成一个视觉整体。

图 3-110　电商界面中的表单按钮

5. 良好的视觉对比

几乎所有类型的设计都会要求对比度，在进行按钮设计的时候，不仅要让按钮的内容（图标、文本）能够与按钮本身构成良好的对比，而且按钮和背景以及周围元素也要能够形成对比效果，这样才能使按钮在界面中突显出来。

图 3-111 所示为一个教育类 App 界面的设计示例，无论界面使用了深色的背景还是浅色的背景，界面中的功能操作按钮都与界面背景保持了良好的视觉对比效果，从而使功能操作按钮在界面中的视觉表现效果更突出。

6. 统一按钮样式

目前比较推崇简洁、直观的设计示例，按钮的设计同样要求简单、直观，如果按钮设计过于花哨，就会增加阅读难度。

在同一产品的 UI 中，同层级的按钮需要保持设计风格与样式的统一，从而为用户带来统一感。如果同界面中的按钮使用不同的样式进行表现，则会使界面显得毫无规范，甚至会导致界面的混乱。

图 3-112 所示为一个酒店预订 App 界面的设计示例，在该 App 的多个界面中都设计了不同功能的操作按钮，这些操作按钮都保持了统一的样式，从而使 UI 形成统一的视觉效果。

图 3-111　良好视觉对比的按钮设计

图 3-112　统一样式的按钮设计

7. 明确告诉用户按钮的功能

每个按钮都会包含按钮文本，它会告诉用户该按钮的功能。所以，按钮上的文本要尽量简洁、直观，并且符合整个 UI 风格的语调。

当用户点击按钮的时候，按钮所指示的内容和结果应该合理、迅速地呈现在用户眼前，无论是提交表单、跳转到新的界面，用户通过点击该按钮应该获得其所预期的结果。

图 3-113 所示为一个社交类 App 界面设计示例，不同界面中的功能操作按钮在配色和样式上保持了统一，从而使界面形成统一的视觉风格，而在各按钮背景上都使用简洁的文字明确标注该按钮的功能和目的，使得按钮的视觉效果清晰，表达目的明确。

8. 按钮需要拥有较高的视觉层级

几乎每个界面中都会包含众多不同的元素，按钮应该是整个页面中独一无二的控件，它在形状、色彩和视觉质量上，都应该与界面中的其他元素区分开。试想一下，当用户在界面中所设计的按钮比其他控制都要大，色彩在整个界面中也是鲜艳突出的，它绝对是界面中最显眼的那一个元素。

需要注意的是，在同一个界面中如果包含多个功能操作按钮，则需要注意区分按钮视觉层级的表现，例如，重点功能操作按钮或引导用户沿路径操作的功能按钮，需要具有较高的视觉层级，而次要的功能操作按钮或比较危险的操作按钮，例如，退出、删除等，视觉上则需要进行弱化处理。

图 3-114 所示为一个运动鞋电商 App 界面设计示例，在界面底部放置了两个功能操作按钮，其中"立即购买"按钮使用高饱和度的蓝色进行表现，而"加入购物车"按钮使用灰色进行表现，灰色通常代表不可点击的状态，很明显高饱和度蓝色按钮的视觉层级更高，有效地吸引用户进行购买操作。

图 3-113　明确告诉用户按钮功能

图 3-114　拥有较高视觉层级的按钮设计

▶ **3.5.3　制作垃圾清理完成动画效果**

垃圾清理是手机中常见的一种应用功能，在垃圾清理过程中加入动画效果的表

现形式，可以非常形象地表现出垃圾清理的过程。本节将带领读者一起来制作一个手机垃圾清理完成的动画效果，主要表现为小火箭升空消失的动画效果切换出相应的提示文字。

微视频

☆实战　制作垃圾清理完成动画效果☆

源文件：第 3 章 \3-5-3.aep　　　　　　　视频：第 3 章 \3-5-5.mp4

素材

Step 01 在 After Effects 中新建一个空白的项目，执行"合成→新建合成"命令，弹出"合成设置"对话框，对相关选项进行设置，如图 3-115 所示。执行"文件→导入→文件"命令，在弹出的对话框中导入素材图像"素材 \35301.jpg 和 35302.png"，如图 3-116 所示。

图 3-115　"合成设置"对话框　　　　　　　图 3-116　导入素材图像

Step 02 在"项目"面板中将 35301.jpg 素材拖入"时间轴"面板，并将该图层锁定，如图 3-117 所示。使用"椭圆工具"，在工具栏中设置"填充"为 #319EDA，"描边"为白色，"描边宽度"为 16 像素，单击"描边"文字，在弹出的"描边选项"对话框中设置其"不透明度"为 18%，如图 3-118 所示。

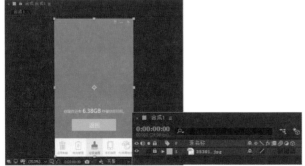

图 3-117　拖入素材图像　　　　　　　图 3-118　"描边选项"对话框

Step 03 在"合成"窗口中按住 Shift 键绘制一个正圆形，把该正圆形调整至合适的大小和位置，将得到的"形状图层 1"锁定，如图 3-119 所示。使用"椭圆工具"，设置"填充"为白色，"描边"为无，在"合成"窗口中按住 Shift 键绘制一个正圆形，如图 3-120 所示。

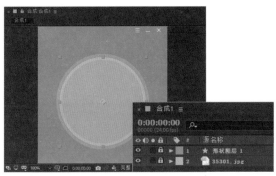

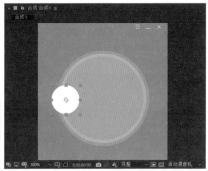

图 3-119　绘制正圆形　　　　　　　图 3-120　使用"椭圆工具"绘制正圆形

Step 04 将刚绘制的正圆形复制多次，并分别调整到不同的大小和位置，效果如图 3-121 所示。同时选中"形状图层 2"至"形状图层 9"，执行"图层→预合成"命令，弹出"预合成"对话框，设置如图 3-122 所示。

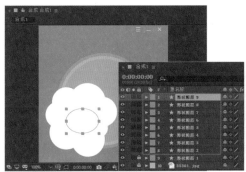
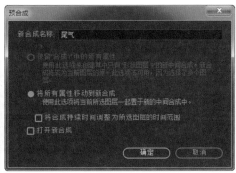

图 3-121　多次复制图形并调整　　　　　图 3-122　"预合成"对话框

Step 05 单击"确定"按钮，完成"预合成"对话框的设置。使用"向后平移（锚点）工具"，将该图层的锚点调整至图形的中心位置，如图 3-123 所示。选择"尾气"图层，按快捷键 Ctrl+D，原位复制该图层，将得到的图层重命名为"尾气 2"，如图 3-124 所示。

Step 06 在"合成"窗口中调整图形到合适的位置，效果如图 3-125 所示。选择"尾气"图层，按快捷键 R，显示出该图层的"旋转"属性，在 0 秒位置为该属性插入关键帧，如图 3-126 所示。

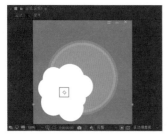

图 3-123　调整元素中心点位置

图 3-124　复制图层并重命名

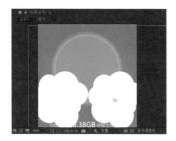

图 3-125　调整图形位置

图 3-126　插入"旋转"属性关键帧

Step07 将"时间指示器"移至 2 秒的位置，设置"旋转"属性值为 -1x，如图 3-127 所示。按住 Alt 键单击"旋转"属性前的"秒表"图标，为"旋转"属性添加表达式 loopOut(type="cycle", numkeyframes=0)，如图 3-128 所示。

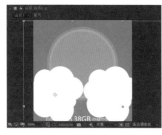

图 3-127　设置"旋转"属性值效果

图 3-128　为"旋转"属性添加表达式

Step08 使用相同的制作方法，可以完成"尾气 2"图层中动画效果的制作，"时间轴"面板如图 3-129 所示。

图 3-129　完成"尾气 2"图层动画的制作

☆ 提示

为"旋转"属性所添加的表达式主要实现该图层中图形旋转动画的循环播放,"尾气 2"
图层中的动画与"尾气"图层中的动画相同,只是旋转方向不同,一个是顺时针旋转,
另一个是逆时针旋转。

Step 09 同时选中"尾气"和"尾气 2"图层,执行"图层→预合成"命令,弹出
"预合成"对话框,设置如图 3-130 所示,单击"确定"按钮。将"时间指示器"移
至 0 秒的位置,选择该图层,按快捷键 P,显示该图层的"位置"属性,为该属性插
入关键帧,并且在"合成"窗口中将其向下移至合适的位置,如图 3-131 所示。

图 3-130 "预合成"对话框

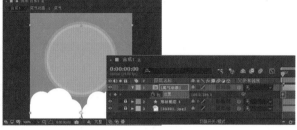

图 3-131 插入"位置"属性关键帧

Step 10 将"时间指示器"移至 0 秒 16 帧的位置,在"合成"窗口中将该图层中
的对象向上移至合适的位置,如图 3-132 所示。同时选中该图层中的两个属性关键
帧,按快捷键 F9,为其应用"缓动"效果,如图 3-133 所示。

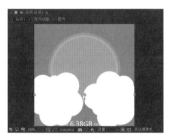

图 3-132 向上移动位置

图 3-133 为关键帧应用"缓动"效果

Step 11 单击"时间轴"面板上的"图表编辑器"按钮,切换到图表编辑器状
态,对元素的运动速率曲线进行调整,如图 3-134 所示。返回时间轴状态中,不要选
择任何对象,使用"椭圆工具",在工具栏中设置"填充"为任意颜色,"描边"为
无,在"合成"窗口中按住 Shift 键绘制一个正圆形,如图 3-135 所示。

Step 12 选择"尾气动画"图层,在该图层的 TrkMat 属性下拉列表中选择"Alpha
遮罩'形状图层 2'"选项,如图 3-136 所示。在"合成"窗口可以看到所实现的效
果,如图 3-137 所示。

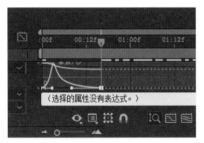

图 3-134　调整运动速度曲线

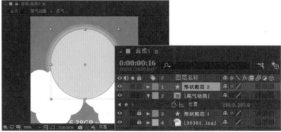

图 3-135　绘制正圆形

图 3-136　设置 TrkMat 选项

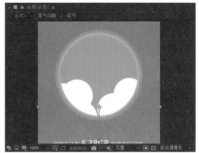

图 3-137　遮罩效果

Step13 在"项目"面板将 35302.png 图片拖入"合成"窗口中，调整到合适的大小和位置，如图 3-138 所示。将"时间指示器"移至 0 秒的位置，按快捷键 P，显示该图层的"位置"属性，为该属性插入关键帧，如图 3-139 所示。

图 3-138　调整图像位置

图 3-139　插入"位置"属性关键帧

Step14 将"时间指示器"移至 0 秒 16 帧的位置，在"合成"窗口中将对象向上移至合适的位置，如图 3-140 所示。将"时间指示器"移至 2 秒的位置，单击"位置"属性前的"添加或删除关键帧"按钮，在当前位置添加"位置"属性关键帧，如图 3-141 所示。

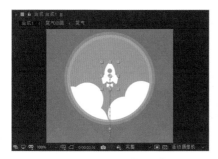

图 3-140　向上移动图像

图 3-141　添加"位置"属性关键帧

Step 15 将"时间指示器"移至 2 秒 10 帧的位置，在"合成"窗口中将对象向上移至合适的位置，如图 3-142 所示。同时选中该图层中的 4 个关键帧，按快捷键 F9，为其应用"缓动"效果，如图 3-143 所示。

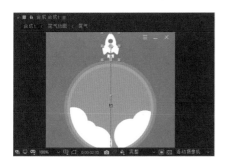

图 3-142　向上移动图像

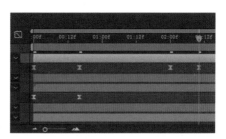

图 3-143　为关键帧应用"缓动"效果

Step 16 单击"时间轴"面板上的"图表编辑器"按钮，切换到图表编辑器状态，对元素的运动速率曲线进行调整，如图 3-144 所示。返回时间轴状态中，为 35302.png 图层开启"3D 图层"功能，将"时间指示器"移至 0 秒 20 帧的位置，为 "Y 轴旋转"属性插入关键帧，如图 3-145 所示。

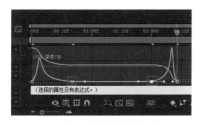

图 3-144　调整运动速度曲线

图 3-145　插入"Y 轴旋转"属性关键帧

Step 17 将"时间指示器"移至 1 秒 08 帧的位置，设置"Y 轴旋转"属性值为 45°，效果如图 3-146 所示。将"时间指示器"移至 1 秒 20 帧的位置，设置"Y 轴旋转"属性值为 0°，效果如图 3-147 所示。

图 3-146 设置 "Y 轴旋转" 属性值

图 3-147 设置 "Y 轴旋转" 属性值

Step 18 选择 "形状图层 2"，按快捷键 Ctrl+D，原位复制该图层得到 "形状图层 3"，将 "形状图层 3" 移至 35302.png 图层上方，如图 3-148 所示。选择 35302.png 图层，设置该图层的 TrkMat 属性下拉列表中选择 "Alpha 遮罩'形状图层 3'"选项，如图 3-149 所示。

图 3-148 复制图层并调整叠放顺序

图 3-149 设置 TrkMat 选项

Step 19 不要选择任何对象，使用 "钢笔工具"，设置 "填充" 为白色，"描边" 为无，在 "合成" 窗口中绘制形状图形，如图 3-150 所示。使用相同的制作方法，可以完成该图层中动画效果的制作，"时间轴" 面板如图 3-151 所示。

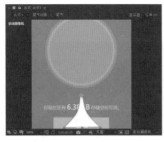

图 3-150 绘制形状图形

图 3-151 "时间轴" 面板

Step 20 使用 "横排文字工具"，在 "合成" 窗口中单击并输入相应的文字，调整至合适的位置，如图 3-152 所示。使用相同的制作方法，制作出文字 "位置" 和 "不透明度" 属性变化的动画，"时间轴" 面板如图 3-153 所示。

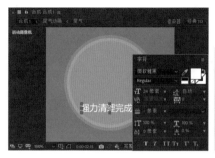

图 3-152 输入文字并调整位置　　　　图 3-153 "时间轴"面板

Step21 完成垃圾清理动画效果制作，单击"预览"面板上的"播放 / 停止"按钮

，可以在"合成"窗口中预览动画效果，也可以根据前面介绍的渲染输出方法，将该动画渲染输出为视频文件，再使用 Photoshop 将其输出为 GIF 格式的动画，动画效果如图 3-154 所示。

图 3-154 完成垃圾清理动画效果的制作

3.6 本章小结

产品如何实现与用户更好地沟通，这就是界面交互所需要实现的内容。本章详细介绍了界面中各种不同 UI 元素的交互设计形式，以及在界面设计过程中需要注意的交互细节处理，从而使用户在 UI 中获得更美好的交互体验。

第 4 章

UI 的交互设计

本章主要内容

　　用户对 UI 的感知，离不开 UI 的形式、内容和行为，就像工业与平面设计师专注于形式那样，交互设计师将用户行为作为最重要的元素来考虑。交互设计的可用性影响着用户体验，但是可用性不是用户体验的全部，可用性强调人机交互的有效性和高效性，而可用性又与 UI 布局有很大的关系。

　　本章通过对 UI 布局形式、界面的平面构成等相关内容的介绍，达到有效提升产品 UI 的可用性的目的，同时还对 UI 的交互设计表现方式与特点进行介绍。

4.1 移动 UI 布局

很多设计师在设计 UI 时习惯性地先尝试选择配色，甚至图标风格等，但是在版式没有处理好的情况下，如何去确认选择好的配色应该应用在哪里？配色是一种填充行为，它需要通过载体去呈现出效果。所以，视觉设计也好，UI 设计也好，正常的设计流程如图 4-1 所示，第一步先把内容排上去，第二步思考应用场景与信息层级，第三步进行界面的版式布局设计，最后一步才应该是色彩和细节的处理。从整体到局部再回到整体，设计的顺序很重要。

图 4-1　UI 设计流程

▶ 4.1.1　UI 的布局特点

同样是版面布局设计，平面设计中的版面布局设计与 UI 的布局设计有什么区别呢？本节将向读者介绍 UI 布局的几个突出特点。

1. 内容的不确定性

平面设计中的版面内容相对比较固定。对于 UI 设计来说，界面中所有显示的内容都是不确定的。例如，标题可能出现两行，也有可能出现一行；可能特别长，也可能为空。所以，版面布局设计就需要为一些边缘情况做容错处理。

图 4-2 所示是一个影视类 App 界面设计示例，考虑到信息内容的不确定性，界面中的内容都采用了统一的影视海报与简短说明文字和功能操作按钮相结合的表现形式，并且界面中的内容可以向下扩充，从而便于显示更多的界面内容。

图 4-2　影视类 App 界面设计示例

2. 长时间停留

大多数的平面设计作品用户都不会长时间浏览，卡片、海报或者产品包装设计一般都是为了让用户在短时间内获取到主要信息。而用户在使用 App 时更多的是长时间停留。例如，用户在使用电商 App 购买商品时，通常需要浏览大量的商品并进行挑选；或者用户使用新闻、电子书类的 App 产品进行阅读时，同样需要浏览较长的时间。所以，App 界面的版面布局需要较为整洁、清爽，即使用户长时间使用也不会感觉疲惫。

图 4-3 所示是一个简约男装电商 App 界面设计示例，界面使用纯白色作为背景，重点以商品图片展示为主，几乎没有任何的装饰性元素，使用户的目光都能够聚焦于商品图片上。

图 4-3 简约男装 App 界面设计示例

3. 阅读效率

平面设计作品相对独立，例如，单张海报或单个商品折页，其内容相对固定，如海报版面可以通过大面积留白来凸显格调。然而对于 UI 设计来说，每个界面的存在都是为了完善整个 App 的交互流程，并且在批量获取信息时如果太过于形式感会让用户的阅读效率下降，所以 UI 设计中的版面布局通常都比较紧凑、易读。

图 4-4 所示是一个餐饮美食类 App 界面设计示例，这类 App 界面通常以图片内容为主。对于以非文字内容为主的界面，则更注重以精美的图片结合简短的说明文字来表现界面内容，通过合理的留白设置，使内容清晰、易读。

4. 信息层级多样性

一个产品需要传递给用户的信息较多，信息层级也随之较为多样性，如果同一个界面中不同表意的信息版式层级相同就很容易提高用户误操作的概率，并且多样的层级需要使用各种不同的版式技巧将其呈现出对比并保持界面的整体统一性，所以 UI 中的版式布局较为多样、有规律。

图 4-5 所示是一个运动鞋电商 App 界面设计示例，重点突出产品图片的表现效果，而对于产品的筛选项以及购买产品时对产品规格的选项则都使用了接近黑色的深灰色表现，产品的价格使用红色加粗文字表现，通过色彩来表现界面中的信息层极。

图 4-4 餐饮美食类 App 界面设计示例

图 4-5 运动鞋电商 App 界面设计示例

▶ 4.1.2 UI 常见的布局形式

在对 UI 进行设计之前需要对信息进行优先级的划分，并且合理布局，提升界面中信息内容的传递效率。每一种布局形式都有其意义所在，本节将向读者介绍 UI 设计中常见的几种布局形式。

1. 标签式布局

标签式布局又称为网格式布局，标签一般承载的都是较为重要的功能，具有很好的视觉层级。标签式布局一般用于展示重要功能的快捷入口，同时也是很好的运营入口，能够很好地吸引用户的目光。图 4-6 所示为使用标签式布局的 UI。

每个标签都可以被看作 UI 布局中的一个点，过多的标签也会让界面过于烦琐，并且图标占据标签式布局的大部分空间，因此图标设计力求精致，同类型同层级标签需要保持风格以及细节上的统一，如图 4-7 所示。

图 4-6　使用标签式布局的 UI

图 4-7　使用标签式布局的细节设计

优点：各功能模块相对独立，功能入口清晰，方便用户快速查找。

缺点：扩展性差，一屏横排最多只能放置 5 个标签，超过 5 个则需要左右滑动，并且文字标题不宜过长。

2. 列表式布局

列表式布局形式是移动 UI 中常见的一种排版布局形式，常用于图文信息组合排列的界面。图 4-8 所示为使用列表式布局的 UI。

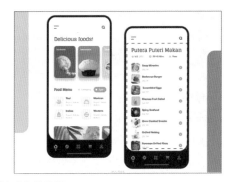

图 4-8　使用列表式布局的 UI

优点：界面中的信息内容展示比较直观，节省界面空间，延展性比较强，承载信息内容多，浏览效率高。

缺点：表现形式单一，容易造成用户的视觉疲劳，需要在列表中穿插其他版式形式以使画面有所变化。不适用于信息层级过多并且字段内容不确定的情况，这种情况仅通过分割线或者间距的区分容易让用户出现视觉误差，每一个列表可以被看作界面布局中的一条线。

3. 卡片式布局

从某种程度上来说，卡片式布局是将整个界面的内容切割为多个区域，不仅能够给人很好的视觉一致性，而且更易于设计上的迭代。图 4-9 所示为使用卡片式布局的 UI。

图 4-9　使用卡片式布局的 UI

优点：卡片式布局最大的优势就是可以将不同大小、不同媒介形式的内容单元以统一的方式进行混合呈现。最常见的就是图文混排，如果既要做到视觉上尽量一致，又要平衡文字和图片的强弱，这时卡片式布局非常合适。另外，当一个界面中的信息内容版块过多，或者一个信息组合中信息层级过多时，通过列表式布局容易使用户出现视觉误差，卡片式布局就很适合。

缺点：卡片式布局对界面空间的占用比较大，需要为卡片与卡片之间预留间距，这样就会导致在界面中所呈现的信息量较小。所以，当用户的浏览是需要大范围扫视、接收大量相关性的信息然后再过滤筛选时，或者信息组合比较简单，层级较少时，强行使用卡片式布局会降低用户的使用效率，带来不必要的麻烦。

4. 瀑布流式布局

在 UI 中使用大小不一的卡片进行布局设计时，能够使界面产生错落的视觉效果，这样的布局形式就称为瀑布流式布局。当用户仅仅通过图片就可以获取到自己想要获取的信息时，非常适合使用瀑布流式的布局形式。瀑布流式布局非常适合图片或视频等内容的表现。图 4-10 所示为使用瀑布流式布局的 UI。

图 4-10　使用瀑布流式布局的 UI

优点：瀑布流式布局通常是两列信息并列显示，极大地提高了交互效率，并且使界面表现出丰富、华丽的视觉印象，特别适合电商、图片或者小视频类的移动应用。

缺点：瀑布流式布局的缺点就是过于依赖图片质量，如果图片质量较低，整体的产品格调也会被图片所影响，并且瀑布流式布局不适合文字内容为主的 UI，也不适用于产品调性比较稳重的产品。

5. 多面板布局

多面板布局很像竖屏排列的选项卡，在一个界面中可以展示更多的信息量，提高用户的操作效率，适合分类和内容都比较多的情形，多用于电商 App 的分类界面或者品牌筛选界面。图 4-11 所示为使用多面板布局的 UI。

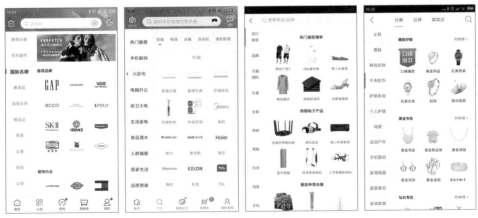

图 4-11　使用多面板布局的 UI

优点：多面板布局能够使分类更加明确、直观，并且有效减少了界面之间的跳转。

缺点：多面板布局的界面信息量过多，较为拥挤，并且分类很多的时候，左侧滑动区域过窄，不利于用户单手操作。

6.手风琴式布局

手风琴式布局常用于界面中包含两级结构的内容，用户点击分类名称可以展开显示该分类中的二级内容，在不需要使用的时候，该部分内容默认是隐藏的。手风琴式布局能够承载较多的信息内容，同时保持 UI 的简洁。图 4-12 所示为使用手风琴式布局的 UI。

图 4-12　使用手风琴式布局的 UI

优点：能够有效减少界面跳转，与树结构相比，手风琴布局能够减少点击次数，提高操作效率。

缺点：如果用户在同一个 UI 中同时打开多个手风琴菜单，容易使界面布局混乱，分类标题不清晰。

☆ 提示

移动端相比于 PC 端，物理尺寸小了许多，布局与 PC 端也相差甚远，所以尽量不要把网页界面布局的习惯带到移动 UI 的布局设计中。

4.2　UI 设计中的平面构成

平面构成是具有共性的设计语言，已为当今社会各个艺术、设计门类所应用，平面构成与其他应用设计的学科一样，都是为了完善与创造更富有现代感的设计理念和表现形式。平面构成以一个全新的造型观念，为艺术设计注入新鲜的血液。

▶ 4.2.1　统一与变化

在 UI 设计中需要注意统一与变化的应用，考虑用户的视觉会长时间地停留在某个界面阅读信息，所以统一的列表形式是非常有必要的，可以减少用户阅读时的阻碍，然而长时间单一样式的列表阅读会使用户视觉疲劳，产生厌烦的心理，所以这时就需要在列表内穿插不同的模块为统一的列表界面添加变化。

统一是主导，变化是从属。统一能够强化 UI 的整体感，多样变化能够突破界面的单调、死板，使 UI 的表现富有活力。

UI 中使用统一的设计风格来表现相同的元素，这是 UI 设计的基础统一原则，增强设计效率的同时也会增加开发的效率，而不同功能作用的板块之间就可以通过不同的版式形成变化，可以让 UI 充满生命力和运营感。

图 4-13 所示是一个旅行图片分享 App 界面设计示例，每一组图片都是由一张大图片与两张小图片组合而成，信息列表整体保持统一的表现形式，而在图片组成部分又包装了大小的对比，从而使界面的表现更富有活力。

图 4-14 所示是一个智能家居管理 App 界面设计示例，细小的图标设计同样可以遵循统一与变化的原理，在统一线条粗细、尺寸和设计风格的前提下，在外形上不受约束地进行变化同样能够产生视觉上的美感。

图 4-13　旅行图片分享 App 界面设计示例　　　图 4-14　智能家居管理 App 界面设计示例

▶ 4.2.2　对比与调和

在 UI 设计中，对比是为了强调界面元素之间的差异，从而有效地突出界面的主题，使界面中的信息内容更具有主次感，而调和是为了寻找界面元素的共同点，从而使界面的视觉表现效果更加舒适。

在 UI 设计过程中，常使用整体调和、局部对比的方法。最常见的就是大小对比，往大了说有版块之间面积大小的对比，往小了说有文字之间字号大小的对比。

图 4-15 所示是一个运动鞋电商 App 界面设计示例，界面中使用列表的方式表现商品信息，而每一个商品列表中不仅使用了色彩的对比，还有文字大小和笔画粗细的对比，从而使界面的视觉表现效果非常突出。

图 4-16 所示是一个旅游日志 App 界面设计示例，界面中的文字使用了 3 个对比层级，主题文字最大，标题文字其次，然后就是该旅游日志的正文内容。通过简单的字号对比就可以让信息层级清晰可见。

图 4-15 运动鞋电商 App 界面设计示例

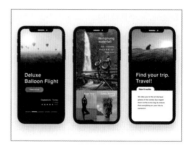

图 4-16 旅游日志 App 界面设计示例

▶ 4.2.3 对称与平衡

UI 中的对称与平衡是相互统一的，常表现为既对称又均衡，实质上都是为了使 UI 获得视觉上的稳定感。UI 设计虽然无法主观地控制产品内字符的长度，但设计师可以通过为不同元素设置合理的位置，从而最大限度地使界面获得对称与平衡感。

图 4-17 所示是一个社交类 App 界面设计示例，底部标签栏中的功能图标设计，中间的红橙色较大的功能图标起到了视觉平衡点的作用，该图标左右两侧的四个图标对称显示，使界面表现非常规整，这也是视觉上版式舒适的原理所在。

图 4-18 所示是一个影视类 App 界面设计示例，影视列表界面的版式还是比较均衡的，左侧的简介文字内容被右侧的图片从版式上"压"住了，使得从用户心理上这个列表左右的质量是相同的。

图 4-17 社交类 App 界面设计示例

图 4-18 影视类 App 界面设计示例

▶ 4.2.4 节奏与韵律

说到节奏与韵律，最基础的就是要让设计的版面有始有终。就算是单个界面，也需要给用户明确的视觉起始点和结束点，长图或者是多版面的设计更是如此。优秀的版面设计总是首尾呼应，这是对用户最基本的尊重。

读者在看报纸时，一般都是由左至右、由上至下、由标题到正文的阅读顺序，当然在使用移动端产品的时候也不例外。如果设计师在设计 UI 时，在标题、图片、栏目、点线面上做点文章，让它们有所变化，在视觉上连成串，形成跳跃式的块状、点状，这样用户在浏览界面时就会有一种节奏感。例如来思考一个问题，为什么有些 UI 的列表是左图右文，而有些 UI 的设计是左文右图呢？

图 4-19 所示是一个蛋糕美食类 App 界面设计示例，在商品结算界面就采用了左图右文的形式，在商品详情界面则使用了上图下文的形式，希望用户第一眼就能够被美食图片所吸引，从而才会去关注该美食的相关内容。

图 4-20 所示是一个新闻资讯类 App 界面设计示例，在该类型的 App 界面中图片只是起到辅助作用，当用户看到图片时基本上不会联想到具体的内容，所以文字标题才是用户最想看到的内容。

图 4-19　蛋糕美食类 App 界面设计示例

图 4-20　新闻资讯类 App 界面设计示例

4.3　UI 交互导航菜单设计

移动 UI 中导航菜单的表现形式多种多样，除了目前广泛使用的交互式侧边导航菜单外，还有其他的一些表现形式，合理的移动端导航菜单动画设计，不仅可以提高用户体验，还可以增强移动端应用的设计感。

▶ 4.3.1　交互导航菜单的优势

随着移动互联网的发展和普及，移动端的导航菜单与传统 PC 端的导航形式有着一定的区别，主要表现为移动端为了节省屏幕的显示空间，通常采用交互式动态导航菜单。默认情况下，在移动端界面中隐藏导航菜单，在有限的屏幕空间中充分展示界面内容，在需要使用导航菜单时，再通过单击相应的图标来动态滑出导航菜单，常见的有侧边滑出菜单、顶部滑出菜单等形式，如图 4-21 所示。

图 4-21　侧滑式菜单和顶部滑出式菜单

☆ 提示

侧边式导航又称为抽屉式导航，在移动端界面中常常与顶部或底部标签导航结合使用。侧边式导航将部分信息内容进行隐藏，突出了界面中的核心内容。

交互式动态导航菜单能够给用户带来新鲜感和愉悦感，并且能够有效地增强用户的交互体验，但是交互式动态导航菜单不能忽略其本身最主要的性质，即使用性。在设计交互式导航菜单时，需要尽可能使用用户所熟悉和了解的操作方法来表现导航菜单动画，从而使用户能够快速适应界面的操作。

▶ 4.3.2　交互导航菜单的设计要点

在设计移动端界面导航菜单时，最好能够按照移动操作系统所设定的规范进行，不仅能使所设计出的导航菜单界面更美观丰富，而且能与操作系统协调一致，使用户能够根据平时对系统的操作经验，触类旁通地知晓该移动端应用的各功能和简捷的操作方法，增强移动端应用的灵活性和可操作性。图 4-22 所示为常见的移动端导航菜单设计。

图 4-22　常见的移动端导航菜单设计

1. 不可操作的菜单项一般需要屏蔽变灰

导航菜单中有一些菜单项是以变灰的形式出现的，并使用虚线字符来显示，这一类的命令表示当前不可用，也就是说，执行此命令的条件当前还不具备。

2. 对当前使用的菜单命令进行标记

对于当前正在使用的菜单命令，可以使用改变背景色或在菜单命令旁边添加钩号（√），区别显示当前选择和使用的命令，使菜单的应用更具有识别性。

3. 对相关的命令使用分隔条进行分组

为了使用户迅速地在菜单中找到需要执行的命令项，非常有必要对菜单中相关的一组命令用分隔条进行分组，这样可以使菜单界面更清晰、易于操作。

4. 应用动态和弹出式菜单

动态菜单即在移动端应用运行过程中会伸缩的菜单，弹出式菜单的设计则可以有效地节约界面空间，通过动态菜单和弹出式菜单的设计和应用，可以更好地提高应用界面的灵活性和可操作性。

图 4-23 所示为一个隐藏式交互导航菜单动画效果，当用户单击界面左上角的导航菜单图标时，整个界面内容会以交互动画的形式缩小至界面右侧，并且在缩小的过程中会以模糊的方式呈现，体现出运动感，与此同时在界面左侧的大部分区域会显示出隐藏的导航菜单，并且导航菜单选项会以渐现的方式出现。动态的表现方式使 UI 的交互性更加突出，有效提高用户的交互体验。

图 4-23　隐藏式交互导航菜单动画效果

▶ 4.3.3　制作侧滑交互导航菜单动画效果

侧滑导航菜单是移动端 App 最常见的导航菜单表现方式。这种方式能够有效节省界面的空间，当需要使用导航菜单时，可以单击界面中的某个图标，从而使隐藏

的导航菜单从侧面滑出；当不需要使用时，可以将其隐藏，从而使界面具有一定的交互动画效果。在本节中将带领读者完成一个侧滑导航菜单动画效果的制作，在该动画效果的制作过程中重点是通过"蒙版路径""位置"和"不透明度"等基础属性来实现该动画效果的表现。

☆**实战　制作侧滑交互导航菜单动画效果**☆

源文件：第 4 章 \4-3-3.aep　　　　　　视频：第 4 章 \4-3-3.mp4

微视频

素材

Step 01 打开 After Effects 软件，执行"文件→导入→文件"命令，导入素材"第 4 章 \ 素材 \43301.psd"，弹出设置对话框，设置如图 4-24 所示。单击"确定"按钮，弹出"项目"面板，导入 PSD 素材自动生成合成，如图 4-25 所示。

图 4-24　"导入种类"选项

图 4-25　"项目"面板

Step 02 在"项目"面板中的 43301 合成上右击，在弹出的快捷菜单中选择"合成设置"选项，弹出"合成设置"窗口，设置"持续时间"为 4 秒，如图 4-26 所示。单击"确定"按钮，双击 43301 合成，在"合成"窗口中可以看到该合成的效果，如图 4-27 所示。

图 4-26　设置"持续时间"

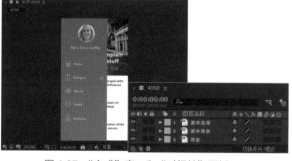

图 4-27　"合成"窗口和"时间轴"面板

Step 03 制作"菜单背景"图层中的动画效果，在"时间轴"面板中将"背景"图层锁定，将"菜单选项"图层隐藏，如图 4-28 所示。选择"菜单背景"图层，使

用"矩形工具"，在"合成"窗口中绘制一个与菜单背景相同大小的矩形蒙版，如图
4-29 所示。

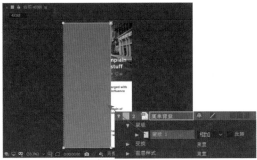

图 4-28　"时间轴"面板　　　　　　　　图 4-29　绘制矩形蒙版

Step04 将"时间指示器"移至 1 秒 16 帧的位置，为该图层下方"蒙版 1"选项
中的"蒙版路径"选项插入关键帧，如图 4-30 所示。按快捷键 U，在"时间轴"面
板的"菜单背景"图层下方只显示添加了关键帧的属性，如图 4-31 所示。

图 4-30　插入"蒙版路径"属性关键帧　　　　　图 4-31　"时间轴"面板

Step05 使用"添加'顶点'工具"，在蒙版形状右侧边缘的中间位置单击添加
锚点，并使用"转换'顶点'工具"单击所添加的锚点，在垂直方向上拖动鼠标，
显示该锚点方向线，如图 4-32 所示。将"时间指示器"移至起始位置，选择"蒙版
1"选项，在"合成"窗口中使用"选取工具"调整该蒙版图形到合适的大小和位
置，如图 4-33 所示。

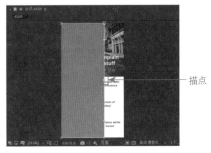

图 4-32　添加锚点　　　　　　　　　　图 4-33　调整蒙版大小和位置

Step06 将"时间指示器"移至 1 秒的位置，在"合成"窗口中使用"选取工具"调整蒙版路径，如图 4-34 所示。同时选中该图层中的 3 个关键帧，按快捷键F9，为所选中的关键帧应用"缓动"效果，如图 4-35 所示。

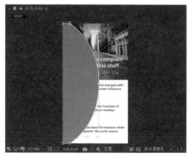

图 4-34　调整蒙版路径

图 4-35　为关键帧应用"缓动"效果

Step07 单击"时间轴"面板上的"图表编辑器"按钮 ⬚，进入图表编辑器状态，如图 4-36 所示。单击右侧运动曲线锚点，拖动方向线调整运动速度曲线，如图4-37 所示。

图 4-36　进入图表编辑器状态

图 4-37　调整运动速度曲线

Step08 再次单击"图表编辑器"按钮 ⬚，返回默认状态。选择并显示"菜单选项"图层，将"时间指示器"移至 1 秒 18 帧的位置，为该图层的"位置"和"不透明度"属性插入关键帧，如图 4-38 所示。"合成"窗口中的效果如图 4-39 所示。

图 4-38　插入"位置"和"不透明度"属性关键帧

图 4-39　"合成"窗口

Step09 将"时间指示器"移至 1 秒的位置，在"合成"窗口中将该图层内容向左移至合适的位置，并设置其"不透明度"属性为 0，如图 4-40 所示。同时选中该图层中的两个"位置"属性关键帧，按快捷键 F9，为所选中的关键帧应用"缓动"
效果，如图 4-41 所示。

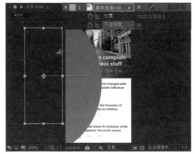

图 4-40　调整"位置"并设置　　　　　　图 4-41　为关键帧应用"缓动"效果
　　　　　"不透明度"属性

☆ 提示

在这里，本书是将导航菜单选项作为一个整体，制作其同时进入界面中的动画效果，当然
也可以将各导航菜单中分开，分别制作各导航菜单项顺序进入界面的动画效果，这样可以
使侧滑导航菜单的动画效果表现得更加丰富。

Step 10　执行"图层→新建→纯色"命令，新建一个黑色的纯色图层，将该图层
移至"背景"图层上方，如图 4-42 所示。将"时间指示器"移至 1 秒的位置，为该
图层插入"不透明度"属性关键帧，并设置该属性值为 0，如图 4-43 所示。

图 4-42　新建纯色图层　　　　　　　　图 4-43　插入"不透明度"属性关键帧

Step 11　将"时间指示器"移至 1 秒 16 帧的位置，设置该图层"不透明度"属性
值为 50%，如图 4-44 所示。完成该侧滑导航菜单动画的制作，展开各图层所设置的
关键帧，"时间轴"面板如图 4-45 所示。

Step 12　完成侧滑导航菜单动画效果的制作，单击"预览"面板上的"播放 / 停
止"按钮▶，可以在"合成"窗口中预览动画效果。用户也可以根据前面介绍的渲
染输出方法，将该动画渲染输出为视频文件，再使用 Photoshop 将其输出为 GIF 格式
的动画，效果如图 4-46 所示。

图 4-44 设置"不透明度"属性

图 4-45 "时间轴"面板

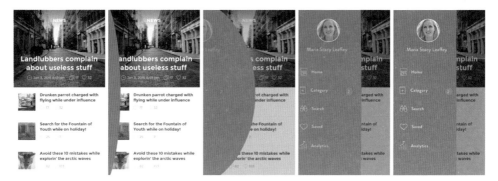

图 4-46 侧滑导航菜单的最终效果

4.4 UI 工具栏交互设计

移动应用中的工具栏是显示图形按钮的选项控制条，每个图形按钮称为一个工具项，用于执行移动端应用中的一个功能，或在不同的移动端界面中进行跳转。通常情况下，出现在工具栏上的按钮所执行的都是一些比较常用的命令，为了更加方便用户的使用。

▶ 4.4.1 关于工具栏交互动画效果

工具栏一般应用于移动端应用程序中频繁使用的功能，而专门在应用界面中开辟出一块地方来设置这些常用的操作。这样的设计直观突出，且经常使用这类操作的用户会觉得方便更有效率。工具栏需要根据应用界面整体的风格来进行设计，只有这样才能够使整个应用界面和谐统一。图 4-47 所示为设计精美的应用工具栏。

弹出
功能
选项

底部
工具
栏

浮动
工具
图标

图 4-47 UI 中工具栏的表现形式

目前，在许多移动端界面设计中都会为界面中的工具栏加入交互动画效果设计，特别是当一组工具图标的显示与隐藏时，使用交互动画的方式呈现，会给用户带来很好的交互体验。

图 4-48 所示为一个工具栏交互动画效果设计示例，每一个选项卡都包含一组隐藏的工具，当用户点击选项卡右上角的图标时，该图标的背景色块会产生变形，同时一组功能图标沿着背景图形的曲线进入显示到相应的位置，整体表现具有很强的动感，给用户带来很好的体验。

图 4-48 工具栏交互动画效果设计示例

▶ 4.4.2 制作工具栏动感展开交互动画效果

本例制作一个工具图标动感展开动画效果，默认情况下，相关的功能图标被隐藏在特定的图标下方，当用户在界面中单击该图标后，隐藏的工具图标将以动画的

形式展开显示，展开过程中伴随着图标的旋转和运动模糊效果，使界面的交互动画效果表现更加突出。

☆**实战　制作工具栏动感展开交互动画效果**☆

源文件：第 4 章 \4-4-2.aep　　　　　　　　视频：第 4 章 \4-4-2.mp4

Step01 打开 After Effects，执行"文件→导入→文件"命令，弹出"导入文件"对话框，选择"素材 \44201.psd"文件，如图 4-49 所示。单击"导入"按钮，弹出设置对话框，设置相关选项如图 4-50 所示。

图 4-49　选择需要导入的素材文件

图 4-50　设置对话框

Step02 单击"确定"按钮，导入 PSD 素材文件，并自动生成合成，如图 4-51 所示。在"项目"面板中的 44201 合成上右击，在弹出的快捷菜单中选择"合成设置"选项，弹出"合成设置"窗口，设置"持续时间"为 3 秒，如图 4-52 所示。

图 4-51　"项目"面板

图 4-52　"合成设置"对话框

Step03 单击"确定"按钮，完成"合成设置"对话框的设置，双击 44201 合成，在"合成"窗口中打开该合成，效果如图 4-53 所示。在"时间轴"面板中可以看到该合成中相应的图层，将"背景"图层锁定，如图 4-54 所示。

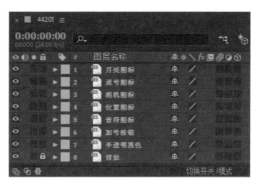

图 4-53 "合成"窗口   图 4-54 "时间轴"面板

Step04 选择"加号按钮"图层,将其他图层隐藏,按快捷键 R,显示该图层的"旋转"属性,将"时间指示器"移至 0 秒 05 帧的位置,为"旋转"属性插入关键帧,如图 4-55 所示。将"时间指示器"移至 0 秒 16 帧的位置,设置"旋转"属性值为 −45°,如图 4-56 所示。

图 4-55 插入"旋转"属性关键帧   图 4-56 设置"旋转"属性值

Step05 将"时间指示器"移至 0 秒 05 帧的位置,选择"半透明黑色"图层,显示该图层,按快捷键 T,显示该图层的"不透明度"属性,插入该属性关键帧,并设置其值为 0,如图 4-57 所示。将"时间指示器"移至 0 秒 16 帧的位置,设置"不透明度"属性值为 60%,如图 4-58 所示。

图 4-57 插入"不透明度"属性关键帧   图 4-58 设置"不透明度"属性值

Step 06 显示"音符图标"图层并选择该图层，将"时间指示器"移至 0 秒 16 帧的位置，展开该图层的"变换"选项，分别为"位置"和"旋转"属性插入关键帧，按快捷键 U，只显示添加了关键帧的属性，如图 4-59 所示。将"时间指示器"移至 1 秒的位置，单击"位置"属性前的"添加或删除关键帧"按钮，在当前位置添加该属性关键帧，设置"旋转"属性为 1x，如图 4-60 所示。

图 4-59　插入"位置"和"旋转"　　　　　　图 4-60　设置"旋转"属性值

　　　　属性关键帧

Step 07 将"时间指示器"移至 0 秒 16 帧的位置，在"合成"窗口中调整该图标与"加号按钮"的位置重叠，如图 4-61 所示。将"时间指示器"移至 0 秒 22 帧的位置，在"合成"窗口中将该图标向左上角拖动，调整其位置，如图 4-62 所示。

图 4-61　调整元素位置（0 秒 16 帧）　　　　图 4-62　调整元素位置（0 秒 22 帧）

Step 08 完成该图层中图标展开动画效果的制作，"时间轴"面板如图 4-63 所示。

图 4-63　"时间轴"面板

☆ 提示

0 秒 16 帧为该图标动画的起始位置，1 秒为该图标动画的终止位置，在 0 秒 22 帧的位置将该图标向其运动的方向适当的延伸，制作出一个该图标向外延伸并回弹的动画效果。

Step 09 根据"音符图标"图层相同的制作方法，可以完成其他几个图标动画的制作，"合成"窗口如图 4-64 所示，"时间轴"面板如图 4-65 所示。

图 4-64 "合成"窗口 　　　　　　　　　　图 4-65 "时间轴"面板

Step 10 在"时间轴"面板中将"加号按钮"图层移至所有图层上方，如图 4-66 所示。接着来制作各图标收回的动画效果，选择"音符图标"图层，按快捷键 U，显示该图层添加了关键帧的属性，将"时间指示器"移至 2 秒的位置，分别为"位置"和"旋转"属性插入关键帧，如图 4-67 所示。

图 4-66 调整图层叠放顺序 　　　　　　图 4-67 插入"位置"和"旋转"属性关键帧

Step 11 将"时间指示器"移至 2 秒 10 帧的位置，设置"旋转"属性为 0，在"合成"窗口中拖动调整该图标的位置与"加号按钮"位置相重叠，如图 4-68 所示，"时间轴"面板如图 4-69 所示。

Step 12 使用相同的制作方法，可以完成其他 4 个图标收回动画效果的制作，"时间轴"面板如图 4-70 所示。

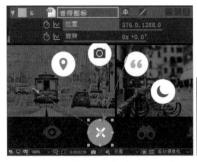

图 4-68　调整元素位置

图 4-69　"时间轴"面板

图 4-70　完成 4 个图标后的"时间轴"面板

Step13 选择"半透明黑色"图层，按快捷键 U，显示该图层添加了关键帧的属性，将"时间指示器"移至 2 秒 10 帧的位置，为"不透明度"属性插入关键帧，如图 4-71 所示。将"时间指示器"移至 2 秒 18 帧的位置，设置"不透明度"属性值为 0，如图 4-72 所示。

图 4-71　插入"不透明度"属性关键帧

图 4-72　设置"不透明度"属性值

Step14 选择"加号按钮"图层，按快捷键 U，显示该图层添加了关键帧的属性，将"时间指示器"移至 2 秒 10 帧的位置，为"旋转"属性插入关键帧，如图

4-73 所示。将"时间指示器"移至 2 秒 18 帧的位置，设置"旋转"属性值为 0°，如图 4-74 所示。

图 4-73 插入"旋转"属性关键帧　　　　　图 4-74 设置"旋转"属性值

Step15 在"时间轴"面板中为各图层中的所有属性关键帧应用"缓动"效果，并且为 5 个展开的图标所在的图层开启"运动模糊"功能，展开各图层所设置的关键帧，"时间轴"面板如图 4-75 所示。

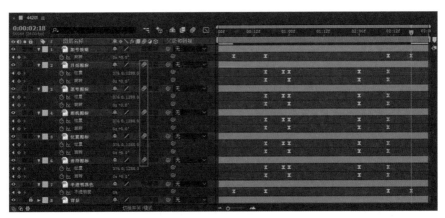

图 4-75 开启相应图层的"运动模糊"功能后的"时间轴"面板

☆ 提示

当开启图层的"运动模糊"功能后，该图层中对象的位移动画会自动模拟表现出运动模糊的效果。

Step16 完成旋转展开工具栏动画的制作，单击"预览"面板上的"播放 / 停止"按钮▶，可以在"合成"窗口中预览动画效果。用户也可以根据前面介绍的渲染输出方法，将该动画渲染输出为视频文件，再使用 Photoshop 将其输出为 GIF 格式的动画，动画效果如图 4-76 所示。

图 4-76　动感弹出工具栏最终的动画效果

4.5　UI 图片交互设计

图片是 UI 设计中的基础元素之一，图片不仅能够增加 UI 的吸引力，传达给用户更加丰富的信息，图片的质量和展现方式都会影响着用户对产品的感官体验。

▶ 4.5.1　UI 图片排版方式

在 UI 的设计过程中，图片的排版方式有很多，根据不同的场景和所需要传递的主题信息来选择与之相符的展现方式，下面介绍几种常见的图片排版方式。

1. 满版型

满版型是指在界面中以图片作为主体或者在界面设计中使用图片作为整个界面的背景，从而辅助界面主题的表现，常常搭配简洁的文字信息或图标装饰，视觉传达效果直观而强烈，给人大方、舒展的感觉。

图 4-77 所示为一个旅游度假相关的 App 界面设计示例，使用精美的度假酒店实景图片作为整个界面的满版背景，给用户很强的视觉冲击力，用户第一时间能够感受到不同度假酒店的特色。在图片上叠加少量的简洁说明文字，界面信息表现直观、清晰。

2. 通栏型

通栏型是指图片与界面整体的宽度相同，而高度为其几分之一甚至更小的一种图片展现方式，最常见的就是界面顶部的焦点轮换图设计。通栏型的图片宽阔大气，可以有效地强调和展示重要的商品、活动等运营内容。

在电商 App 和照片类 App 的界面中，常常会使用通栏型的图片排版方式，通过这种方式能够很好地突出图片的展示效果。图 4-78 所示为一个电商 App 界面设计示例，整体使用黑白色调进行设计，包括搭配的通栏图片同样多为无彩色的黑白图片，表现出高雅的格调，也能够很好地突出表现首饰产品的高档感。整个界面的设计给人感觉简洁、精致、高雅。

图 4-77　满版型图片排版方式示例　　　　图 4-78　通栏型图片排版方式示例

3. 并置型

并置型是将不同的图片作大小相同而位置不同的重复排列，可以是左右排列，也可以是上下排列，这种排版方式能够为版面带来秩序、安静、调和与节奏感。

并置型的图片排列方式表示界面中各图片的视觉层次统一，并没有主次之分，通常在界面中的产品列表等都采用了并置型的图片排列方式。

图 4-79 所示为一个影视音乐类 App 界面设计示例，不同栏中图片分别使用了水平并置排列和垂直并置排列的方式，这种图片排列方式可以使界面内容的表现更加整齐、规范，便于用户阅读。

图 4-80 所示为一个资讯类 App 界面设计示例，可以看到相应栏目中的图片尺寸大小相同，在界面中水平排列或垂直排列，通常可以在界面中通过左右或上下滑动的方式来切换图片的显示。

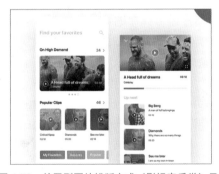

图 4-79　并置型图片排版方式（影视音乐类）示例　　图 4-80　并置型图片排版方式（资讯类）示例

4. 九宫格型

九宫格型是使用四条线把画面上下左右分割成九个小方块，可以把 1 个或 2 个小方块作为一个单位来填充图片，这种构图方式给人严谨、规范、有序的感觉。

在照片分享类的 App 界面中，常常会使用九宫格型的图片排版方式。如图 4-81

所示的两个采用九宫格型图片排片方式的界面设计示例，这样的图片排版给人一种严谨、规整的感觉，便于用户对图片的快速浏览。当然，用户也可以在界面中单击某张图片，快速查看该图片的大图效果。

5. 瀑布流型

瀑布流的展示方式是最近几年流行起来的一种图片展示方式，定宽而不定高的设计让界面突破了传统的图片排版方式，降低了界面复杂度，节省了空间，使用户专注于浏览，去掉了烦琐的操作，体验更好。

以图片展示为主的界面比较适合使用瀑布的图片排版方式。瀑布流的图片展示方式很好地满足了不同尺寸图片的表现，巧妙地利用视觉层级，视线的任意流动又缓解了视觉疲劳。用户可以在众多图片中快速地扫视，然后选择其中自己感兴趣的部分。图 4-82 所示为使用瀑布流型图片排版方式的界面设计示例。

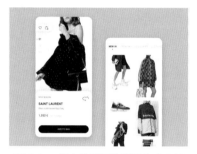

图 4-81　九宫格型图片排版方式示例　　　　图 4-82　瀑布流型图片排版方式示例

▷ 4.5.2　UI 图片应用技巧

在 UI 设计中常常使用经过模糊处理的图片作为界面的背景，模糊效果能够让用户清晰地了解到界面的前后层次关系，这样能够有效地增强移动界面的视觉层次感，同时也方便在移动界面中表现多样化的菜单和层级效果。

图 4-83 所示为一个餐饮美食类 App 界面设计示例，使用了美食图片作为背景，为不同的产品分类分别应用了相应的图片作为背景，搭配分类名称和简约的纯色图标，使得美食产品的表现效果更加精致，能够第一时间给用户带来直观的印象，并且精美的美食图片还能够更好地诱惑消费者。在这种情况下，在 UI 设计中使用图片背景是非常有必要的。

图 4-84 所示为一个天气类 App 界面设计示例，每个不同的城市都会使用该城市精美的照片作为界面的背景，只需要在界面中点击，就可以在界面中显示该城市未来几天更详细的天气信息。设计师对背景图片进行模糊虚化处理，从而保留 UI 的使用场景，不会让用户有跳出界面的感觉，而模糊的背景和前景的内容又形成了良好的对比，这样的交互更加直观，主界面和详细信息之间的联系更加紧密，逻辑更加清晰。

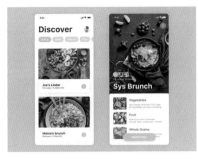 

图 4-83　餐饮美食类 App 界面设计示例　　　图 4-84　天气类 App 界面设计示例

▶ 4.5.3　制作界面图片翻页切换交互动画效果

　　界面中图片的滑动切换和翻页切换效果都是比较常见的动画表现效果，特别是图片的翻页切换动画效果，能够完全模拟表现出现实生活中的翻页效果，从而能够有效增强界面的交互体验。本案例将带领读者完成一个图片翻页切换动画效果的制作，其重点在于为元素添加 **CC Page Turn** 效果，通过对该效果中相关属性的设置能够很好地表现出元素的翻页效果。

☆实战　制作界面图片翻页切换交互动画效果☆

　　源文件：第 4 章 \4-5-3.aep　　　　　　视频：第 4 章 \4-5-3.mp4

微视频

　　Step 01 打开 After Effects 软件，执行"文件→导入→文件"命令，弹出"导入文件"对话框。导入 PSD 素材文件"素材 \45301.psd"，如图 4-85 所示，弹出如图 4-86 所示的对话框，设置相关选项。

素材

图 4-85　选择需要导入的 PSD 素材文件　　　　图 4-86　设置对话框

Step 02 单击"确定"按钮，导入 PSD 素材自动生成合成，如图 4-87 所示。在"项目"面板中的 45301 合成上右击，在弹出菜单中选择"合成设置"选项，弹出"合成设置"窗口，设置"持续时间"为 5 秒，如图 4-88 所示，单击"确定"按钮。

图 4-87　"项目"面板　　　　　　图 4-88　在"合成设置"窗口设置"持续时间"

Step 03 在"项目"面板中双击 45301 合成，在"合成"窗口中打开该合成，效果如图 4-89 所示。在"时间轴"面板中可以看到该合成中相应的图层，将不需要制作动画的图层锁定，如图 4-90 所示。

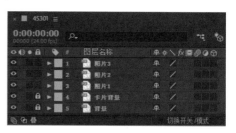

图 4-89　"合成"窗口　　　　　　　　图 4-90　"时间轴"面板

Step 04 不要选择任何对象，使用"椭圆工具"，设置"填充"为白色，"描边"为白色，"描边"宽度为 20 像素，在"合成"窗口中按住 Shift 键绘制一个正圆形，如图 4-91 所示。将该图层重命名为"光标"，展开该图层下方的"椭圆 1"选项，分别设置描边的"不透明度"为 20%，填充的"不透明度"为 50%，效果如图 4-92 所示。

Step 05 选中刚绘制的正圆形，使用"向后平移（锚点）工具"，调整其中心点位于圆心的位置，并将其调整至合适的大小和位置，如图 4-93 所示。选择"光标"图层，按快捷键 S，显示"缩放"属性，为该属性插入关键帧，并设置其属性值为50%，如图 4-94 所示。

图 4-91　绘制正圆形

图 4-92　正圆形效果

图 4-93　调整图形中心点

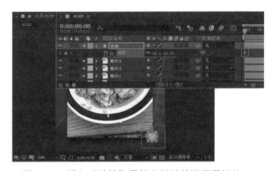

图 4-94　插入"缩放"属性关键帧并设置属性值

Step06 将"时间指示器"移至 0 秒 14 帧的位置，设置"缩放"属性值为 100%，效果如图 4-95 所示。将"时间指示器"移至起始位置，按快捷键 P，显示"位置"属性，插入该属性关键帧，如图 4-96 所示。

图 4-95　设置"缩放"属性值

图 4-96　为"位置"属性插入关键帧

Step07 将"时间指示器"移至 0 秒 14 帧的位置，在"合成"窗口中将其向左下方移动位置，如图 4-97 所示。将"时间指示器"移至起始位置，按快捷键 T，显示"不透明度"属性，插入该属性关键帧，设置"不透明度"属性值为 0，按快捷键 U，在该图层下方显示插入关键帧的属性，如图 4-98 所示。

图 4-97　移动图形位置

图 4-98　插入"不透明度"属性关键帧并设置属性值

Step 08 将"时间指示器"移至 0 秒 03 帧的位置，设置"不透明度"属性值为 100%，如图 4-99 所示。将"时间指示器"移至 0 秒 14 帧的位置，设置"不透明度"属性值为 40%，如图 4-100 所示。

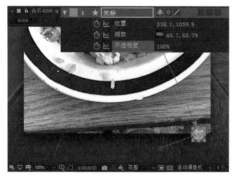

图 4-99　设置"不透明度"属性值（100%）

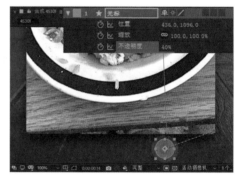

图 4-100　设置"不透明度"属性值（40%）

Step 09 在"时间轴"面板中拖动鼠标同时选中该图层中"位置"和"缩放"属性的关键帧，如图 4-101 所示。按快捷键 F9，为所选中的关键帧应用"缓动"效果，如图 4-102 所示。

图 4-101　选中多个关键帧

图 4-102　为关键帧应用"缓动"效果

Step 10 选择"图片 3"图层，执行"效果→扭曲→ CC Page Turn"命令，为该图层应用 CC Page Turn 效果，如图 4-103 所示。将"时间指示器"移至起始位置，拖动图片翻页的控制点至起始位置，如图 4-104 所示。

Step 11 在"效果控件"面板中单击 Fold Position 属性前的"秒表"按钮，为该属

性插入关键帧，如图 4-105 所示。选择"图层 3"图层，按快捷键 U，在其下方显示
Fold Position 属性，如图 4-106 所示。

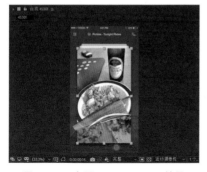

图 4-103　应用 CC Page Turn 效果　　　　　图 4-104　调整翻页效果控制点位置

图 4-105　插入"秒表"属性关键帧　　　　　图 4-106　选中"图层 3"后的"时间轴"面板

Step12 将"时间指示器"移至 0 秒 14 帧的位置，在"合成"窗口中拖动图片翻
页的控制点至合适的翻页效果位置，如图 4-107 所示。同时选中该图层的两个属性关
键帧，按快捷键 F9，为所选中的关键帧应用"缓动"效果，如图 4-108 所示。

图 4-107　调整翻页效果　　　　　　　　　图 4-108　为关键帧应用"缓动"效果

Step13 将"时间指示器"移至 0 秒 20 帧的位置，为"光标"图层和"图片 3"
图层中的所有属性插入关键帧，如图 4-109 所示。将"时间指示器"移至 1 秒 10

帧的位置，在"时间轴"面板中同时选中起始位置的多个属性关键帧，按快捷键
Ctrl+C，复制多个属性关键帧，如图 4-110 所示。

图 4-109　添加属性关键帧　　　　　　图 4-110　复制多个属性关键帧

Step14 按快捷键 Ctrl+V，粘贴关键帧，也可以分别对每个图层中的关键帧进行
复制粘贴操作，如图 4-111 所示。同时选中"光标"图层的"不透明度"属性的最后
两个关键帧，将其向左拖动调整关键帧位置，如图 4-112 所示。

图 4-111　粘贴属性关键帧　　　　　　图 4-112　调整关键帧位置

☆ **提示**

此处通过复制"光标"图层和"图片 3"图层初始位置的属性关键帧，将其粘贴到当前位置，
并调整了"光标"图层的"不透明度"属性关键帧位置，从而快速制作出该翻页动画的返
回效果。

Step15 根据前面所制作的光标移动的动画效果，可以在 1 秒 15 帧位置至 2
秒 05 帧位置之间制作出相似的光标向左移动的动画效果，"时间轴"面板如图 4-113
所示，"合成"窗口，效果如图 4-114 所示。

图 4-113　"时间轴"面板（1 秒 15 帧）　　　　　图 4-114　"合成"窗口

Step16 将"时间指示器"移至 1 秒 18 帧的位置，单击"图片 3"图层的 Fold Position 属性前的"添加或移除关键帧"按钮，添加该属性关键帧，如图 4-115 所示。

图 4-115　为 Fold Position 属性添加关键帧

Step17 将"时间指示器"移至 2 秒 05 帧的位置，在"合成"窗口中拖动图片翻页的控制点，将其翻到画面之外，如图 4-116 所示。将"时间指示器"移至 1 秒 18 帧的位置，选择"图片 2"图层，分别为该图层的"缩放"和"不透明度"属性插入关键帧，如图 4-117 所示。

图 4-116　调整翻页效果

图 4-117　插入"缩放"和"不透明度"属性关键帧

Step18 设置"缩放"属性值为 90%，"不透明度"属性值为 0，如图 4-118 所示。将"时间指示器"移至 2 秒 05 帧的位置，设置"缩放"属性值为 100%，"不透明度"属性值为 100%，效果如图 4-119 所示。

图 4-118　设置"缩放"和"不透明度"属性值

图 4-119　图片效果

Step 19 拖动鼠标同时选中该图层中"缩放"属性的两个关键帧，按快捷键 F9，为所选中的关键帧应用"缓动"效果，如图 4-120 所示。

图 4-120　为关键帧应用"缓动"效果

Step 20 开始制作第 2 张图片的翻页动画，其方法与第 1 张图片的翻页动画制作方法相同。同时选中"光标"图层中光标移动的动画相关的关键帧，按快捷键 Ctrl+C，复制关键帧，如图 4-121 所示。将"时间指示器"移至 2 秒 15 帧的位置，按快捷键 Ctrl+V，粘贴关键帧，如图 4-122 所示。快速制作出第 2 张图片翻页的光标动画效果。

图 4-121　选中多个属性关键帧复制　　　　图 4-122　粘贴所复制的属性关键帧

Step 21 选中"图片 3"图层中翻页动画的两个属性关键帧，按快捷键 Ctrl+C，复制关键帧，如图 4-123 所示。选择"图片 2"图层，将"时间指示器"移至 2 秒 18 帧的位置，按快捷键 Ctrl+V，粘贴关键帧，如图 4-124 所示。快速制作出第 2 张图片翻页动画效果。

图 4-123　选中多个属性关键帧复制（图片 3）　　图 4-124　粘贴所复制的属性关键帧（图片 2）

Step 22 同时选中"图片 2"图层中"缩放"和"不透明度"属性关键帧，按快捷键 Ctrl+C，复制关键帧，如图 4-125 所示。选择"图片 1"图层，确认"时间指示器"位于 2 秒 18 帧的位置，按快捷键 Ctrl+V，粘贴关键帧，如图 4-126 所示。快速制作出第 1 张图片缩放动画效果。

图 4-125 选中"缩放"和"不透明度"属性关键帧复制

图 4-126 粘贴所复制的属性关键帧

Step23 使用相同的复制关键帧的做法，可以制作出"图片 1"图层中图片的翻页的动画效果，"时间轴"面板如图 4-127 所示。

图 4-127 复制粘贴相应的属性关键帧

☆ 提示

因为其他两张图片的翻页动画效果与第 1 张图片的翻页动画效果完全相同，所以这里采用了复制关键帧的做法，这样可以快速地制作出其他两张图片的翻页动画效果。需要注意的是，其他两张图片的翻页动画并不需要像第 1 张图片开始时的翻一下再回来，而是直接进行翻页，所以在复制关键帧时，只需要复制直接翻页的关键帧动画即可。

Step24 在"项目"面板将"45301 个图层"文件夹中的"图片 3/45301.psd"素材拖入"时间轴"面板，调整至"卡片背景"图层上方，如图 4-128 所示。在"合成"窗口中将其调整至合适的位置，如图 4-129 所示。

Step25 同时选中"图片 1"图层中"缩放"和"不透明度"属性关键帧，按快捷键 Ctrl+C，复制关键帧，如图 4-130 所示。选中"图片 3/45301.psd"图层，将"时间指示器"移至 3 秒 18 帧的位置，按快捷键 Ctrl+V，粘贴关键帧，如图 4-131 所示，便可快速制作出该图片缩放动画效果。

图 4-128　拖入素材并调整图层叠放顺序

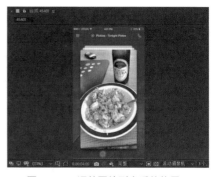

图 4-129　调整图片到合适的位置

图 4-130　选中"缩放"和"不透明度"属性关键帧复制（图片 1）

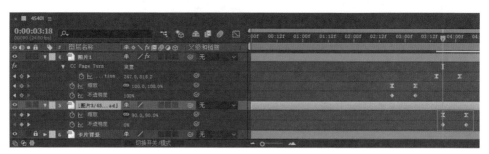

图 4-131　粘贴所复制的属性关键帧

☆ 提示

此处只制作了 3 张图片的翻页动画效果，在动画效果的最后我们再次制作"图片 3"从隐藏到显示的动画，是为了与开头的"图片 3"翻页动画效果相衔接，这样在动画效果进行循环播放的时候就能够形成一个整体。

Step26 完成该图片翻页切换动画效果的制作，单击"预览"面板上的"播放/停止"按钮▶，可以在"合成"窗口中预览动画效果。用户也可以根据前面介绍的渲染输出方法，将该动画渲染输出为视频文件，再使用 Photoshop 将其输出为 GIF 格式的动画，效果如图 4-132 所示。

图 4-132　图片翻页切换动画效果

4.6　本章小结

　　本章主要介绍了 UI 的布局和平面构成方式，使读者对 UI 的布局有更深入地了解，提升 UI 的可用性。本章还介绍了 UI 交互的表现方式和特点，并通过案例的制作，有利于读者掌握 UI 的交互动画效果的实现方法。

第 5 章

UI 中常见交互动画效果的设计

本章主要内容

　　UI 中交互动画效果的设计并不是为了娱乐用户，而是为了让用户理解现在所发生的事情，更有效地说明产品的使用方法。真正的情感化设计是需要设计师设计出精美的 UI，整理出清晰的交互逻辑，通过动画效果引导用户把漂亮的 UI 衔接起来。

　　本章将向读者介绍 UI 中常见交互动画效果的表现形式和方法，并通过案例的制作演示使读者更容易掌握 UI 交互动画效果的制作方法。

5.1　UI 交互设计的特点

交互设计的重点体现在界面中细节的设计上。出色的细节设计可以使 App 更易使用，并且能够有效吸引用户的眼球，抑或使用户印象深刻，为用户提供帮助，甚至引人流连忘返。

▶ 5.1.1　明确的视觉反馈

对于任何用户界面来讲，视觉反馈都是至关重要的。在物理世界中，人们跟物体的交互是伴随着视觉反馈的，同样地，人们期待从 UI 中得到一个类似的效果。UI 需要为用户的操作提供视觉、听觉以及触觉反馈，使用户感到他们在操控该界面，同时视觉反馈有个更简单的用途：它暗示着当前的应用程序运行正常。当一个按钮在放大或者一个被滑动图片在朝着正确方向移动，那么很明显，当前的应用程在运行着，在回应着用户的操作。

图 5-1 所示为一个图书阅读 App 界面的交互设计示例，当用户单击界面中某个图书的封面图片时，该图书封面图片会在当前位置放大并结合翻页的动画效果切换到该图书的正文内容界面中，这种结合现实对象的动画效果表现方式，在视觉上给用户很好的反馈，使用户专注于当前的操作。

图 5-1　图书阅读 App 界面的交互设计示例

▶ 5.1.2　提示界面功能的改变

这种交互动画效果展示出当用户在 UI 中与某个元素交互时，这个元素是变化的，如果我们需要在 UI 中表现一个元素功能如何变化时，这种动画效果是最好的选择。它经常与按钮、图标和其他小设计元素一起使用。

图 5-2 所示为一个 UI 中功能改变动画效果示例，通过元素的流动和颜色的变化来实现功能改变的动画效果，当用户在界面中单击黄色的功能操作按钮后，该元素会移动至界面的下方并逐渐放大填充整个界面的下半部分，并显示相应的选项，界面的转场切换显示轻松流畅，并且能够很好地使两个界面之间产生关联。

图 5-2　UI 中功能转场动画效果示例

▶ 5.1.3　扩展界面空间

大部分的移动应用程序都有非常复杂的结构，所以设计师需要尽可能地简化移动应用程序的导航。对于这项任务来讲，交互动画效果的应用是非常有帮助的。如果所设计的交互动画效果展示出了元素被藏在哪里，那么用户下次找起来就会很容易了。

图 5-3 所示为一个 UI 中产品图片切换交互动画效果设计示例，该产品拥有不同的颜色选择，所以在界面中可以通过左右滑动来查看不同颜色的产品效果，有效地扩展了界面的空间，能够展示更多的信息，并且在切换不同颜色的产品图片时，该界面的背景颜色也会同时发生变化，给用户带来很好的视觉提示。

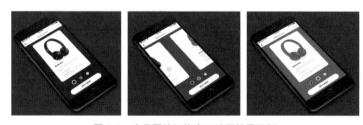

图 5-3　产品图片切换交互动画效果示例

▶ 5.1.4　突出界面变化

在多数情况下，界面中的动画效果用于吸引用户对界面中重要细节的注意力和关注。但是在界面中应用这类动画效果时需要注意，确保该动画效果服务于界面中非常重要的功能，为用户提供良好的视觉指引，而不是为了界面更炫酷而盲目地添加动画效果。

图 5-4 所示为一个 UI 常见的信息通知图标动画效果设计示例，默认状态下该图标以静态效果显示，当用户接收到新的通知信息时，该图标将左右摇晃并在图标右上角显示未读信息数量，从而更好地吸引用户的关注。

图 5-4　信息通知图标动画效果设计示例

5.1.5　元素的层次结构及其交互

交互动画效果完美地表现了界面的某些部分，并阐明了是怎样与它们进行交互的。交互动画效果中每个元素都有其目的和定位，例如，一个按钮可以激活弹出菜单，那么该菜单最好从按钮弹出而不是从屏幕侧面滑出来，这样就会展示用户点击该按钮的回应，有助于帮助用户理解这两个元素（按钮和弹出菜单）是有联系的。

图 5-5 所示为一个影视类 App 的界面交互设计示例，在该影视类 App 界面中使用电影海报作为界面的背景，在界面中上下滑动时，会以动感模糊的方式切换到另一个电影界面中。在界面中单击该电影名称部分，背景的电影海报会自动向上收缩，电影名称信息也会向上运动至合适的位置，下方会通过三维翻转的方式显示该电影的相关信息和最近的影院，单击最近的影院信息，界面信息内容向上运动，自动切换到最近的影院信息界面，显示该影院的地址、地图和相关场次，便于用户选择。整个界面的结构清晰，动画效果表现流畅自然，界面的切换转场表现出清晰的信息层级结构。

> **☆ 提示**
>
> UI 中所添加的交互动画效果都应该能够表现出元素之间是如何联系的，这种层次结构和元素的交互对于一个直观的界面来说是非常重要的。

5.1.6　操作反馈

UI 中的元素和操控组件无论处于界面中的任何位置，它们的操控都应该是可感触的。通过及时响应输入以及设计相应的操作反馈动画效果，能够为用户带来很好的视觉和动态指引。简单来说，可以对用户在界面中的操作行为给予视觉反馈，从而提升界面感知的清晰度。

合理的操作视觉反馈，能够有效满足用户对接收信息的欲望而产生作用，当用户在移动端界面中进行操作时，时刻能够感觉到掌控一切，给用户带来很好的交互体验。

（a）

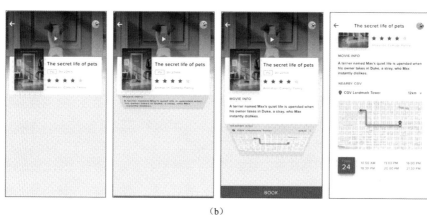

（b）

图 5-5　影视类 App 的界面交互设计示例

图 5-6 所示为 UI 中列表项的点击交互反馈动画效果，为界面中的每个选项都应用了相应的交互反馈动画效果，当用户在界面中点击某个选项时，在所点击的选项上就会出现浅灰色圆形逐渐放大消失的动画效果，为用户提供很好的反馈，使用户明确知道当前操作的是哪个选项。

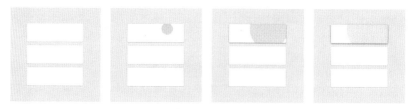

图 5-6　点击交互反馈动画效果

5.1.7　明确系统状态

系统应该在合理的时间里，通过合适的反馈来保持告知用户将要发生的事情，也就是说，UI 必须能够持续为用户提供良好的操作反馈。移动应用不应该引起用户不断地猜测，而是应该告诉用户当前发生的事情。

通过合理的交互动画效果能够很好地为用户的操作提供合适的视觉反馈。对于移动端应用的操作过程状态，交互动画效果能够为用户提供实时的告知，使得用户可以快速地理解发生的一切。

图 5-7 所示为在线交流界面中的交互动画效果设计示例，当用户单击界面中的语言输入图标时，界面下方的文字输入键盘将会向下移动并逐渐淡出，接着语言输入图标从界面下方移入界面中，并且在界面下方显示声音波形，当用户按下语言输入图标，该图标将会反白显示并显示声音波形动画，界面总是能够表现出明确的系统状态，给用户明确的提示。

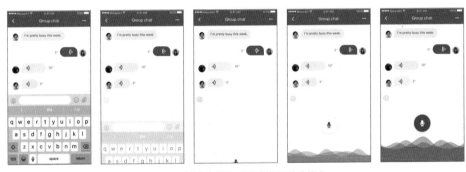

图 5-7　通过动画效果明确表现系统状态

▶ 5.1.8　富有趣味性的动画效果

富有趣味性的动画效果设计可以对 UI 起到画龙点睛的作用，独特的动画效果能够有效吸引用户的关注，与其他同类型的应用程序相区别，从而使该应用程序脱颖而出。独特而富有趣味性的动画效果可以有效提高应用程序的识别度。

图 5-8 所示为 UI 中表单元素的交互动画效果设计示例，为界面中的登录表单设计一个猫头鹰的卡通形象，当用户在密码框中单击需要输入密码的时候，该卡通的猫头鹰形象会作出用手将眼睛捂住的动画效果，非常的形象，为整个登录界面带来趣味性，给人留下深刻印象。

图 5-8　富有趣味性的交互动画效果设计示例

▶ 5.1.9 制作下雪天气动画效果

在天气应用 App 界面中，常常会根据当前的天气情况在界面中加入该种天气的表现动画效果，从而使界面的信息表现更加直观，也能够更直接地渲染出当前天气的效果，非常实用。本节将制作一个下雪天气动画效果，除了制作天气信息内容的入场动画外，还将通过 CC Snowfall 效果制作出下雪的动画效果，从而使整个天气界面的动画效果表现更加真实。

微视频

☆实战　制作下雪天气动画效果☆

源文件：第 5 章 \5-1-9.aep　　　　　　视频：第 5 章 \5-1-9.mp4

素材

Step 01 打开 After Effects 软件，执行"文件→导入→文件"命令，在弹出的对话框中选择需要导入的 PSD 素材文件"素材 \51901.psd"，如图 5-9 所示。单击"导入"按钮，弹出设置对话框，设置相关选项如图 5-10 所示。

图 5-9　选择 PSD 素材文件

图 5-10　设置对话框

Step 02 单击"确定"按钮，导入该 PSD 格式素材，自动创建相应的合成，如图 5-11 所示。在自动创建的合成上右击，在弹出的快捷菜单中选择"合成设置"选项，弹出"合成设置"窗口，设置"持续时间"为 10 秒，如图 5-12 所示，单击"确定"按钮。

图 5-11　自动合成后的"项目"面板

图 5-12　设置"持续时间"

Step03 在"项目"面板中双击 51901 合成，在"合成"窗口中打开该合成，在
"时间轴"面板中可以看到该合成中相应的图层，如图 5-13 所示。在"时间轴"面
板中双击"当前天气"合成，进入该合成的编辑界面中，如图 5-14 所示。

图 5-13　"合成"窗口和"时间轴"面板　　　　图 5-14　进入"当前天气"合成编辑状态

☆ 提示

在"时间轴"面板中可以发现，所导入 PSD 素材中的图层文件夹同样会自动创建为合成，在
合成中包含相应的图层内容。这里不仅需要设置 51901 合成的"持续时间"为 10 秒，也需要
将"当前天气"和"未来天气"这两个合成的"持续时间"设置为 10 秒，并且将所有图层的
持续时间都调整为 10 秒。

Step04 选择"天气图标"图层，将"时间指示器"移至 0 秒 12 帧的位置，按
快捷键 P，显示该图层的"位置"属性，为该属性插入关键帧，如图 5-15 所示。将
"时间指示器"移至起始位置，在"合成"窗口中将该图层内容向上移至合适的位
置，如图 5-16 所示。

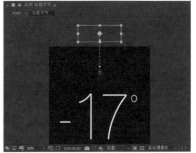

图 5-15　插入"位置"属性关键帧　　　　　图 5-16　向上移动图层内容

Step05 在"时间轴"面板中同时选中该图层的两个关键帧，按快捷键 F9，为所
选中的关键帧应用"缓动"效果，如图 5-17 所示。选择"天气信息"图层，将"时

间指示器"移至 0 秒 06 帧的位置，按快捷键 S，显示该图层的"缩放"属性，插入关键帧，并设置该属性值为 0，如图 5-18 所示。

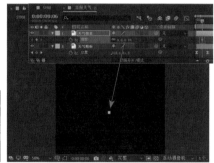

图 5-17　应用"缓动"效果　　　　　　图 5-18　插入"缩放"属性关键帧并设置属性值

Step06 将"时间指示器"移至 0 秒 20 帧的位置，设置"缩放"属性值为 100%，如图 5-19 所示。在"时间轴"面板中同时选中该图层的两个关键帧，按快捷键 F9，为所选中的关键帧应用"缓动"效果，如图 5-20 所示。

图 5-19　设置"缩放"属性值　　　　　　图 5-20　应用"缓动"效果

Step07 完成"当前天气"合成中动画效果的制作，返回到 51901 合成中，双击"未来天气"合成，进入该合成的编辑界面中，如图 5-21 所示。选择"信息背景"图层，按快捷键 T，显示该图层的"不透明度"属性，将"时间指示器"移至 0 秒 20 帧的位置，设置"不透明度"属性值为 0，并插入该属性关键帧，如图 5-22 所示。

Step08 将"时间指示器"移至 1 秒 08 帧的位置，设置该图层的"不透明度"属性值为 100%，效果如图 5-23 所示。选择"信息 1"图层，按快捷键 P，显示该图层的"位置"属性，将"时间指示器"移至 1 秒 20 帧的位置，为"位置"属性插入关键帧，如图 5-24 所示。

图 5-21　进入"未来天气"合成编辑状态　　图 5-22　插入"不透明度"属性关键帧并设置属性值

图 5-23　设置"不透明度"属性值　　　　　图 5-24　插入"位置"属性关键帧

Step 09 将"时间指示器"移至 1 秒 08 帧的位置，在"合成"窗口将该图层内容向下移至合适的位置，如图 5-25 所示。选择"信息 2"图层，按快捷键 P，显示该图层的"位置"属性，将"时间指示器"移至 2 秒 03 帧的位置，为该属性插入关键帧，如图 5-26 所示。

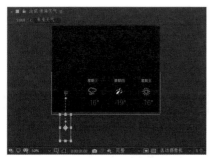

图 5-25　将图层内容向下移动　　　　　　　图 5-26　插入"位置"属性关键帧

Step 10 将"时间指示器"移至 1 秒 16 帧的位置，在"合成"窗口将该图层内容向下移至合适的位置，如图 5-27 所示。选择"信息 3"图层，按快捷键 P，显示该图层的"位置"属性，将"时间指示器"移至 2 秒 11 帧，为该属性插入关键帧，如图 5-28 所示。

Step 11 使用相同的制作方法，可以完成"信息 3"和"信息 4"图层动画的制作，如图 5-29 所示。同时选中"信息 1"至"信息 4"图层中所有属性关键帧，按快捷键 F9，为选中的关键帧应用"缓动"效果，如图 5-30 所示。

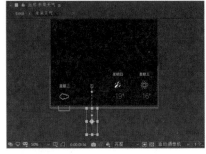

图 5-27　将图层内容向下移动　　　　　　图 5-28　插入"位置"属性关键帧

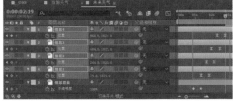

图 5-29　"时间轴"面板　　　　　　图 5-30　为选中的关键帧应用"缓动"效果

Step 12 完成"未来天气"合成中动画效果的制作，返回到 51901 合成中。执行"图层→新建→纯色"命令，弹出"纯色设置"对话框，设置颜色为白色，如图 5-31 所示。单击"确定"按钮，新建纯色图层，将该图层调整至"背景"图层上方，如图 5-32 所示。

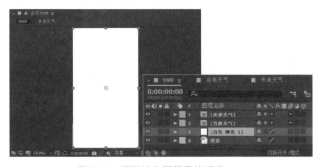

图 5-31　"纯色设置"对话框　　　　　　图 5-32　调整纯色图层叠放顺序

Step 13 选择刚新建的纯色图层，执行"效果→模拟→ CC Snowfall"命令，为该图层应用 CC Snowfall 效果，在"效果控件"面板中取消 Composite With Origina 复选框的勾选状态，如图 5-33 所示。在"合成"窗口中可以看到 CC Snowfall 所模拟的下雪效果，如图 5-34 所示。

Step 14 在"效果控件"面板中对 CC Snowfall 效果的相关属性进行设置，从而调整下雪的动画效果，如图 5-35 所示。在"合成"窗口中可以看到设置后的下雪效果，如图 5-36 所示。

图 5-33　"效果控件"面板　　　　图 5-34　"合成"窗口效果

图 5-35　在"效果控件"面板调整下雪的动画效果　　图 5-36　"合成"窗口的下雪效果

☆ 提示

在 CC Snowfall 效果的"效果控件"面板中，可以通过各属性来控制雪量的大小、雪花的尺寸、下雪的偏移方向等多种效果，用户在设置的过程中完全可以根据自己的需要对参数进行调整。

　　Step 15 完成下雪天气动画效果的制作后，单击"预览"面板上的"播放/停止"按钮▶，可以在"合成"窗口中预览动画效果。用户也可以根据前面介绍的渲染输出方法，将该动画渲染输出为视频文件，再使用 Photoshop 将其输出为 GIF 格式的动画，动画效果如图 5-37 所示。

图 5-37　下雪天气的最终动画效果

5.2 UI 交互动画效果

UI 动画效果设计是指能够有效地表达页面或者内容之间的逻辑关系，通过视觉效果直接清晰地展示用户 UI 中操作的状态。通过动画效果的应用能够为用户提供更加清晰的操作指导，表现出界面和内容的位置或者层级关系。

▶ 5.2.1　常见界面交互动画效果表现形式

为了充分理解 UI 中的交互动画效果设计，用户必须要了解交互动画效果在 App 中的常见表现形式。

1. 滚动效果

滚动效果是指根据用户的操作手势、界面内容进行滚动操作，该动画效果非常适用于 UI 中列表信息的查看。滚动交互动画效果是 UI 中使用最频繁的交互动画效果，也可以在滚动效果的基础上加入其他的动画效果，使得界面的交互更加有趣和丰富。图 5-38 所示为滚动动画效果在 UI 中的应用。

图 5-38　滚动交互动画效果

当用户在 UI 中需要进行垂直或水平滑动操作时，都可以使用滚动动画效果，例如，界面中的列表、图片等，很多场景下都可以使用。

2. 平移效果

平移效果是指当一张图片在人们有限的屏幕里没有办法完整查看的时候，可以在界面中加入平移的交互动画效果，与此同时，还可以在平移的基础上配合放大等动画效果一起使用，从而使界面动画的表现更加实用。图 5-39 所示为平移动画效果在 UI 中的应用。

图 5-39　平移交互动画效果

通常在一些界面内容大于屏幕的界面可以使用平移动画效果，最常见的就是地图应用。

3. 扩大弹出效果

扩大弹出效果是指界面中的内容会从缩略图转换为全屏视图（一般这个内容的中心点也会跟随移动到屏幕的中央），反向动画效果就是内容从全屏视图转换为缩略图。扩大弹出动画效果的优点是能清楚地告诉用户点击的地方被放大了。图 5-40 所示为扩大弹出效果在 UI 中的应用。

图 5-40　扩大弹出交互动画效果

如果 UI 中的元素需要与用户进行单一交互的时候，例如，点击图片查看详情，就可以使用扩大弹出的动画效果，使转场过渡更加自然。

4. 最小化效果

最小化效果是指界面元素在点击之后缩小，然后移动到屏幕上相应的位置，相反的，动画效果就是扩大，从某个图标或缩略图重新切换为全屏。这样做的好处是能够清楚地告诉用户，最小化的元素可以在哪里被找到，如果没有动画效果的引导，可能用户需要花时间去寻找。图 5-41 所示为最小化效果在 UI 中的应用。

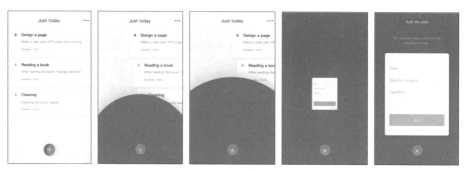

图 5-41　最小化交互动画效果

　　如果界面中用户想要最小化某个元素的时候，例如，搜索、快捷按钮图标等，这些地方都可以使用最小化的动画效果，符合从哪来到哪去的原理。

5.标签转换效果

　　标签转换效果是指根据界面中内容的切换，标签按钮相应的在视觉上作出改变，而标题是随着内容移动而改变的，这样能够清晰地展示标签和内容之间的从属关系，让用户能够清晰理解界面之间的架构。图 5-42 所示为标签转换动画效果在 UI 中的应用。

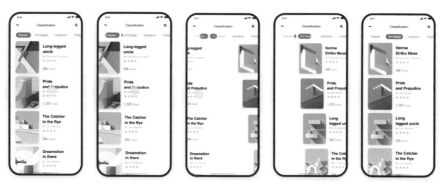

图 5-42　标签转换交互动画效果

　　标签转换动画效果适用于同一层级界面之间的切换，例如，切换导航或者操作进度流程。在 UI 中使用标签切换动画效果可以让用户更了解架构，是标签而不是按钮的感觉。

6.滑动效果

　　滑动效果是指信息列表跟随用户的交互手势而动，然后再回到相应的位置上，保持页面整齐，这种交互动画属于指向型动画，内容的滑动取决于用户是使用哪种手势滑动的。它的作用就是通过指向型转场，有效帮助用户理清页面内容的层级排列情况。图 5-43 所示为滑动效果在 UI 中的应用。

图 5-43　滑动切换交互动画效果

如果 UI 中的元素需要以列表的方式呈现时就可以使用滑动的交互动画效果，例如，一些人物的选择、款式的选择等，都适合使用滑动的交互动画效果方式呈现。

7. 对象切换效果

对象切换效果是指当前界面移动到后面，新的界面移动到前面，这样能够清楚解释界面之间是进行切换的，不会显得转换得太突兀和莫名其妙。图 5-44 所示为对象切换效果在 UI 中的应用。

图 5-44　对象切换交互动画效果

滑动动画效果相对来说比较单一和常见，使用对象切换动画效果可以让用户产生眼前一亮的感觉，常用于一些商品图片的切换等。

8. 展开堆叠效果

展开堆叠效果是指界面中堆叠在一起的元素被展开，能够清楚地告诉用户每个元素的排列情况，从哪里来到哪里去，也显得更加有趣。图 5-45 所示为展开堆叠动画效果在 UI 中的应用。

如果某个 UI 中需要展示较多的功能选项时，可以使用展开堆叠的动画效果。例如，一个功能中隐藏了好几个二级功能时，就可以使用展开堆叠的效果，有利于引导用户。

图 5-45　展开堆叠交互动画效果

9. 翻页效果

翻页效果是指当用户在 UI 中实施滑动手势的时候，出现类似现实生活中翻页一样的动画效果。翻页的动画效果也能够清晰地展现列表层级的信息架构，并且模仿现实生活中的动画效果更加富有情感。图 5-46 所示为翻页动画效果在 UI 中的应用。

图 5-46　翻页切换交互动画效果

翻页动画效果主要应用于当用户进行一些翻页操作时，例如，看小说、读长篇文章等，使用翻页动画效果会更贴近现实生活，引起用户共鸣。

10. 融合效果

融合效果是指 UI 中的元素会根据用户的点击交互而分离或者是结合，用户可以感受到元素与元素之间的关联，比起直接切换，显然用融合动画更加有趣。图 5-47 所示为融合动画效果在 UI 中的应用。

融合动画效果适用于当用户在界面中操作某一个功能图标时可能会触发其他的功能，例如，运动 App 开始健身或跑步的时候，点击开始功能图标会同时出现暂停和结束功能操作图标。

图 5-47　聚集融合交互动画效果

▶ 5.2.2　开关按钮的功能与特点

开关，顾名思义就是开启和关闭，开关按钮是移动端界面中的常见元素，一般用于打开或关闭某个功能。在移动端操作系统中，开关按钮的应用很常见，通过开关按钮来打开或关闭应用中的某种功能，这样的设计符合现实生活的经验，是一种习惯用法。

移动端 UI 中的开关按钮用于展示当前功能的激活状态，用户通过单击或"滑动"可以切换该选项或功能的状态，其表现形式常见的有矩形和圆形两种，如图 5-48 所示。

App界面中开关元素的设计非常简约，通常使用基本图形配合不同的颜色来表现该功能的打开或关闭

图 5-48　UI 中的开关按钮

▶ 5.2.3　制作开关按钮交互动画效果

开关按钮是 App 界面中常见的组件之一，通过开关按钮可以控制 App 中某种功能的开启和关闭。当用户在界面中点击开关按钮时，通常需要结合动画效果的表现形式，从而为用户提供清晰的反馈。

微视频

☆实战　制作开关按钮交互动画效果☆

源文件：第 5 章 \5-2-3.aep　　　　　视频：第 5 章 \5-2-3.mp4

素材

Step01 打开 After Effects 软件，新建一个空白项目，执行"合成→新建合成"命令，弹出"合成设置"对话框，对相关选项进行设置，如图 5-49 所示。使用"矩形

工具"，在"合成"窗口中绘制矩形，如图 5-50 所示。

<table>
<tr><td>图 5-49 "合成设置"对话框</td><td>图 5-50 绘制矩形</td></tr>
</table>

Step02 将该图层重命名为"开关背景"，单击该图层下方"内容"选项右侧的
"添加"按钮 ，在弹出菜单中选择"圆角"选项，添加"圆角"选项，设置"半
径"为 30 像素，将矩形变成圆角矩形，调整到合适的大小和位置，如图 5-51 所示。
不要选择任何对象，使用"椭圆工具"，在工具栏中单击"填充"文字，弹出"填充
选项"对话框，选择"径向渐变"选项，如图 5-52 所示，单击"确定"按钮。

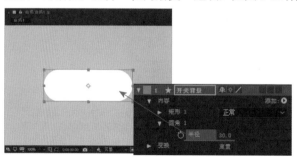

图 5-51 调整为圆角矩形　　　　　　　　图 5-52 "填充选项"对话框

Step03 在"合成"窗口中按住 Shift 键拖动鼠标绘制一个正圆形，调整该正圆形
到合适的大小和位置，如图 5-53 所示。双击正圆形，拖动其渐变填充轴，调整径向
渐变的填充效果，如图 5-54 所示。

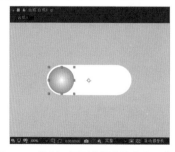

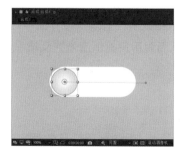

图 5-53 绘制正圆形并调整其大小和位置　　　图 5-54 调整径向渐变的填充

☆ 提示

为该正圆形填充的就是从白色到浅灰色的径向渐变颜色，所以通过调整默认的黑白径向渐变的填充效果就可以得到所需要的效果。如果需要填充其他的渐变颜色，可以展开该图层下方的"渐变填充"选项，单击"颜色"属性右侧的"编辑渐变"链接，在弹出的"渐变编辑器"对话框中设置渐变颜色。

Step 04 在"时间轴"面板中将该图层重命名为"圆"，执行"图层→图层样式→投影"命令，为该图层添加"投影"图层样式，对相关选项进行设置，如图5-55 所示。在"合成"窗口中可以看到为该正圆形添加"投影"图层样式的效果，如图 5-56 所示。

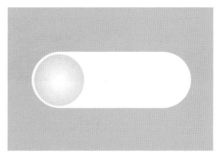

图 5-55　设置"投影"相关选项　　　　　　　图 5-56　添加"投影"样式效果

Step 05 选择"圆"图层，按快捷键 P，显示该图层的"位置"属性，为该属性插入关键帧，如图 5-57 所示。将"时间指示器"移至 1 秒的位置，在"合成"窗口中将该正圆形向右移至合适的位置，如图 5-58 所示。

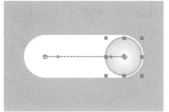

图 5-57　插入"位置"属性关键帧　　　　　　图 5-58　移动元素位置

Step 06 将"时间指示器"移至 2 秒的位置，选择起始位置上的关键帧，按快捷键 Ctrl+C 进行复制，再按快捷键 Ctrl+V，将其粘贴到 2 秒的位置，如图 5-59 所示。同时选中此处的 3 个关键帧，按快捷键 F9，为其应用"缓动"效果，如图 5-60 所示。

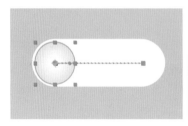

图 5-59　移动元素位置

图 5-60　为关键帧应用"缓动"效果

Step 07 单击"时间轴"面板上的"图表编辑器"按钮 🔲，进入图表编辑器状态，如图 5-61 所示。单击曲线锚点，拖动方向线调整运动速度曲线，如图 5-62 所示。

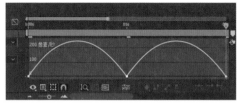

图 5-61　进入图表编辑器状态

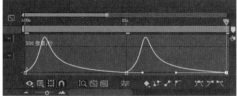

图 5-62　调整运动速度曲线

Step 08 再次单击"图表编辑器"按钮 🔲，返回默认状态。将"时间指示器"移至起始位置，选择"开关背景"图层，为"填充颜色"属性插入关键帧，如图 5-63 所示。将"时间指示器"移至 1 秒的位置，修改"填充颜色"为 #6D94F6，效果如图 5-64 所示。

图 5-63　插入"填充颜色"属性关键帧

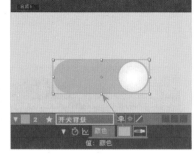

图 5-64　设置"填充颜色"属性后的效果

Step 09 将"时间指示器"移至 2 秒的位置，修改"填充颜色"为白色，如图 5-65 所示。在"项目"面板的合成上右击，在弹出的快捷菜单中选择"合成设置"命令，弹出"合成设置"对话框，修改"持续时间"为 3 秒，如图 5-66 所示，单击"确定"按钮。

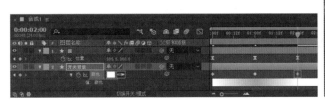

图 5-65　"时间轴"面板　　　　　　　　　图 5-66　"合成设置"对话框

Step10 完成开关按钮动画的制作，单击"预览"面板上的"播放 / 停止"按钮
▶，可以在"合成"窗口中预览动画效果。用户也可以根据前面介绍的渲染输出方
法，将该动画渲染输出为视频文件，再使用 Photoshop 将其输出为 GIF 格式的动画，
效果如图 5-67 所示。

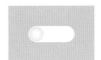

图 5-67　开关按钮动画效果的制作

▶ 5.2.4　了解加载进度动画效果

根据一些抽样调查，浏览者倾向于认为打开速度较快的移动应用质量更高，更
可信，也更有趣。相应地，移动应用打开速度越慢，访问者的心理挫折感越强，就
会对移动应用的可信性和质量产生怀疑。在这种情况下，用户会觉得移动应用的后
台可能出现了一种错误，因为在很长一段时间内，用户没有得到任何提示。而且，
缓慢地打开速度会让用户忘了下一步要做什么，不得不重新回忆，这会进一步恶化
用户的使用体验。

☆ 提示

移动应用的打开速度对于电子商务类应用来说尤其重要，页面载入的速度越快，就越容易使
访问者变成客户。

如果在等待移动应用加载期间，能够向用户显示反馈信息，比如一个加载进度
动画，那么用户的等待时间会相应延长。

图 5-68 所示为加载动画效果设计示例，通过卡通动画的表现形式来吸引用户的
关注，给用户带来有趣、可爱的印象，动画下方的百分比数字明确地显示当前的加
载进度，给用户以清晰、明确的提示。

图 5-68　加载动画效果设计示例

虽然目前很多移动应用产品将加载动画作为强化用户第一印象的组件，但是它的实际使用范畴远不止于这一部分，在许多设计项目中，加载动画几乎做到了无处不在。界面切换的时候可以使用，组件加载的时候可以使用，甚至幻灯片切换的时候也同样可以使用。不仅如此，它还可以用承载数据加载的过程，呈现状态改变的过程，填补崩溃或者出错的界面，它们承前启后，将错误和等待转化为令用户愉悦的细节。

在图 5-69 所示的加载动画效果设计示例中，通过咖啡杯图形的动画设计，非常形象地表现出动态的加载效果，非常适合用于与咖啡相关的一些应用。

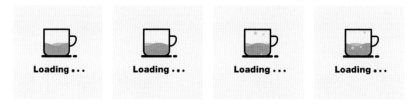

图 5-69　加载动画效果设计示例

▶ 5.2.5　常见加载进度动画效果的表现形式

动画效果设计是大势所趋，加载动画效果也是其中的重要组成部分，它在用户体验设计中的作用是不可估量的，它让折磨人的等待变成了愉悦的消遣。下面将介绍移动端常见的几种加载动画效果表现形式。

1. 进度条

在移动端的加载动画效果中，最常见的表现形式是进度条，本书在第 3 章中已经介绍了基础的矩形和圆形进度条动画效果，但是当使用进度条来表现加载动画效果时，还可以采用更加有趣的表现手法。

直线形式的进度条是人们在移动端应用中最常见的进度条表现方式。图 5-70 所示的直线形式的进度条动画效果，使用转动的风叶与逐渐增长的矩形，非常直观地表现出当前的进度，给用户很好的提示。

图 5-70　直线形式的进度条动画效果

2. 旋转

旋转代表时间的流逝，暗示着时钟一样顺时针旋转。不停循环转动的动画，能够有效吸引注意力，给用户时间加速的错觉。

图 5-71 所示是一个界面内容刷新加载动画效果，将加载动画效果设计为一颗小行星围绕着地球进行顺时针旋转的动画效果，十分形象，界面内容加载完成后，会在界面顶部显示新的界面内容。

图 5-71　界面内容刷新加载动画效果

3. 形象动画

如果在界面加载过程中设计一个形象的加载动画，就能够大大提高产品的亲和力和品牌识别度，用户大多会接受并喜欢这样的形式，一般品牌形象明确的产品都会这样做。

图 5-72 所示是一个非常形象的火剪加载动画效果，通过卡通火箭图形的快速飞行动画，表现出当前正在努力加载的过程，视觉表现效果非常形象、直观，为用户提供良好的使用体验。

图 5-72　形象的火剪加载动画效果

▶ 5.2.6 制作圆形加载进度动画效果

本节将带领读者完成一个圆形进度条动画效果的制作，在该动画效果中主要是通过"修剪路径"属性来实现圆形进度条动画效果的表现，并且通过"编号"效果来实现百分比数值的变化。

☆实战 制作圆形加载进度动画效果☆

微视频

源文件：第 5 章 \5-2-6.aep　　　　　　视频：第 5 章 \5-2-6.mp4

素材

Step01 打开 After Effects 软件，新建一个空白的项目，执行"合成→新建合成"命令，弹出"合成设置"对话框，设置如图 5-73 所示。单击"确定"按钮，创建合成。执行"文件→导入→文件"命令，在弹出的对话框中导入素材文件"素材\52601.jpg"，如图 5-74 所示。

图 5-73 "合成设置"对话框

图 5-74 导入素材图像

Step02 在"项目"面板将 52601.jpg 素材拖入"时间轴"面板中，并将该图层锁定，如图 5-75 所示。使用"椭圆工具"，在工具栏中设置"填充"为无，"描边"为"线性渐变"，"描边宽度"为 26 像素，按住 Shift 键拖动鼠标绘制正圆形，如图 5-76 所示。

图 5-75 拖入素材图像

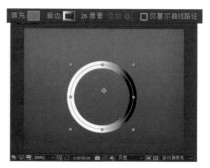

图 5-76 绘制正圆形

Step 03 在 "时间轴" 面板中展开 "形状图层 1" 图层下方的 "椭圆 1" 选项下的 "椭圆路径 1" 选项，设置 "大小" 属性，如图 5-77 所示。使用 "向后平移（锚点）工具"，调整刚绘制的正圆形的锚点位于图形中心位置，如图 5-78 所示。

图 5-77　设置正圆形大小　　　　　　　　　　图 5-78　调整中心点位置

Step 04 使用 "选取工具" 选择该正圆形，打开 "对齐" 面板，单击 "水平对齐" 和 "垂直对齐" 按钮，将其对齐到舞台的中间位置，如图 5-79 所示。单击 "椭圆 1" 选项中的 "渐变描边 1" 选项中的 "颜色" 属性右侧的 "编辑渐变" 文字，弹出 "渐变编辑器" 对话框，设置渐变颜色，如图 5-80 所示。

图 5-79　对齐到舞台中心　　　　　　　　　　图 5-80　设置渐变颜色

Step 05 单击 "确定" 按钮，完成渐变颜色的设置，效果如图 5-81 所示。对 "渐变描边 1" 选项下方的 "结束点" 选项进行设置，从而调整线性渐变填充的效果，如图 5-82 所示。

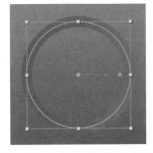

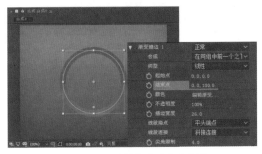

图 5-81　为正圆形填充渐变颜色　　　　　　　图 5-82　调整线性渐变填充的效果

除了可以在"渐变描边1"选项下方通过"起始点"和"结束点"选项来精确地控制渐变填充的起始和结束位置之外，还可以在图形上通过拖动渐变"起始点"和"结束点"的方式来调整渐变的填充效果，在图形上渐变的起始点和结束点表现为实心小圆点，并且中间以虚线相连。

Step06 选择"形状图层1"，按快捷键Ctrl+D，原位复制该图层得到"形状图层2"，将"形状图层1"锁定，如图5-83所示。展开"形状图层2"下方"椭圆1"选项中的"渐变描边1"选项，设置"描边宽度"为18，如图5-84所示。

图5-83　复制图层　　　　　　　　　　　图5-84　"描边宽度"选项

Step07 单击"颜色"选项右侧的"编辑渐变"文字，在弹出的"渐变编辑器"对话框中设置渐变颜色，如图5-85所示。单击"确定"按钮，完成渐变颜色设置，调整渐变填充的起始点和结束点，效果如图5-86所示。

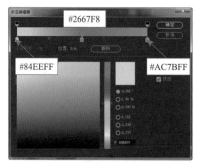

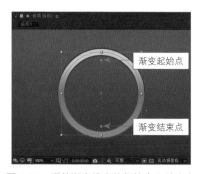

图5-85　设置渐变颜色　　　　　　　　　图5-86　调整渐变填充的起始点和结束点

Step08 选择"形状图层2"，执行"图层→图层样式→内发光"命令，添加"内发光"图层样式，对相关选项进行设置，如图5-87所示。在"合成"窗口中可以看到该圆环图形的效果，如图5-88所示。

Step09 选择"形状图层2"，单击该图层下方"内容"选项右侧的"添加"选项后的三角形图标，在弹出菜单中选择"修剪路径"选项，添加"修剪路径"属性，如图

5-89 所示。将"时间指示器"移至 0 秒的位置，设置"修剪路径"选项中的"偏移"属性为 180°，"结束"属性为 0，并为"结束"属性插入关键帧，如图 5-90 所示。

图 5-87　设置"内发光"图层样式

图 5-88　图形效果

图 5-89　添加"修剪路径"属性

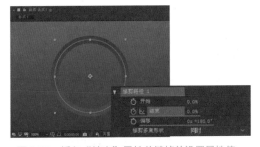

图 5-90　插入"结束"属性关键帧并设置属性值

Step 10 将"时间指示器"移至 4 秒的位置，设置"修剪路径"选项中的"结束"属性为 100%，效果如图 5-91 所示。将"时间指示器"移至 0 ～ 4 秒的任意位置，可以看到路径的端点表现为平角的效果，如图 5-92 所示。

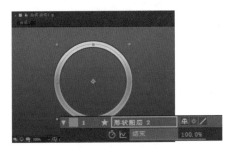

图 5-91　设置"结束"属性值效果

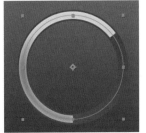

图 5-92　路径端点为平角效果

Step 11 展开该图层下方"椭圆 1"选项中的"渐变描边 1"选项，设置"线段端点"属性为"圆头端点"选项，将路径端点设置为圆头端点，如图 5-93 所示。将

"时间指示器"移至起始位置，添加一个空文本图层，执行"效果→文本→编号"命令，弹出"编号"对话框，设置如图 5-94 所示。

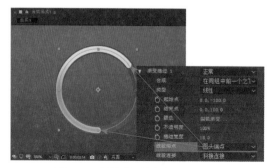

图 5-93　设置路径端点为圆头端点

图 5-94　"编号"对话框

Step 12　单击"确定"按钮，为该图层应用"编号"效果，在"效果控件"面板中对相关选项进行设置，如图 5-95 所示。在"合成"窗口中将编号数字调整至合适的位置，如图 5-96 所示。

图 5-95　"编号"效果选项

图 5-96　调整数字到合适的位置

Step 13　选择该文字图层，执行"图层→图层样式→渐变叠加"命令，为其添加"渐变叠加"图层样式，为其设置与圆环图形相同的渐变颜色，效果如图 5-97 所示。相同的制作方法，还可以为该文字图层添加"投影"和"内发光"图层样式，效果如图 5-98 所示。

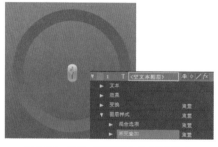

图 5-97　添加"渐变叠加"图层样式

图 5-98　添加"投影"和"内发光"图层样式

Step14 选择"空文本图层",展开"效果"选项下的"编号"选项下的"格式"选项,为"数值 / 位移 / 随机最大"属性插入关键帧,如图 5-99 所示。将"时间指示器"移至 4 秒的位置,设置"数值 / 位移 / 随机最大"属性值为 100,如图 5-100 所示。

图 5-99　插入"数值 / 位移 / 随机最大"属性关键帧　　图 5-100　设置"数值 / 位移 / 随机最大"属性值效果

Step15 使用"横排文字工具",在"合成"窗口中单击并输入文字,如图 5-101 所示。选择"空文本图层"下方的"图层样式"选项,按快捷键 Ctrl+C 复制,选择该文本图层,按快捷键 Ctrl+V 粘贴,为该文本图层应用相同的图层样式设置,如图 5-102 所示。

图 5-101　输入文字　　　　　　　　　　　　图 5-102　复制并粘贴图层样式

Step16 完成该圆形进度条动画效果的制作,单击"预览"面板上的"播放 / 停止"按钮▶,可以在"合成"窗口中预览动画效果。用户也可以根据前面介绍的渲染输出方法,将该动画渲染输出为视频文件,再使用 Photoshop 将其输出为 GIF 格式的动画,动画效果如图 5-103 所示。

图 5-103　圆形加载进度条动画效果最终效果

5.3 UI 交互动画效果设计规范

随着对 UI 交互动画效果的关注，人们发现，UI 动画效果设计同其他的 UI 设计分支一样，同样具备完整性和明确的目的性。随着拟物化设计风潮的告一段落，UI 设计更加自由随心，现如今，UI 交互动画效果设计已经具备丰富的特效，炫酷灵活的特效已经是 UI 设计中不可分割的一部分。

▶ 5.3.1　UI 交互动画效果设计要点

UI 交互动画效果可以认为是新兴的设计领域的分支，如同其他的设计一样，它也是有规律可循的。在开始动手设计制作各种交互动画效果之前，不妨先了解一下 UI 交互动画效果的设计要求。

1. 富有个性

这是 UI 动画效果设计最基本的要求，动画效果设计就是要摆脱传统应用的静态设定，设计独特的动画效果，创造引人入胜的效果。

在确保 UI 风格一致性的前提下，表达出 App 的鲜明个性，这就是 UI 动画效果设计"个性化"要做的事情。同时，还应该令动画效果的细节符合那些约定俗成的交互规则，这样动画效果就具备了"可预期性"，如此一来，UI 动画效果设计便有助于强化用户的交互经验，保持移动应用的用户黏度。

图 5-104 所示是一个个性的交互动画效果设计示例，界面中的信息内容以常见的列表形式呈现，信息内容简洁直观，当用户在列表中进行上下滑动操作时，列表项会在三维方向上旋转消失，从而使界面表现出三维空间感，个性的交互动画效果表现方式给人留下深刻印象。

图 5-104　个性的交互动画效果设计示例

2. 为用户提供操作导向

UI 中的动画效果应该令用户轻松愉悦，设计师需要将屏幕视作一个物理空间，将 UI 元素看作物理实体，它们能在这个物理空间中打开、关闭，任意移动、完全展开或者聚焦为一点。动画效果应该随动作移动而自然变化，为用户作出应有的引导，不论是在动作发生前、过程中还是动作完成以后。UI 动画效果就应该如同导游一样，为用户指引方向，防止用户感到无聊，减少额外的图形化说明。

图 5-105 所示是一个提供操作导向的交互设计示例，使用了界面背景变暗和图标元素惯性弹出相结合的动画效果，从而有效地创造出界面的视觉焦点，使用户的注意力被吸引到弹出的功能操作图标上，引导用户操作。

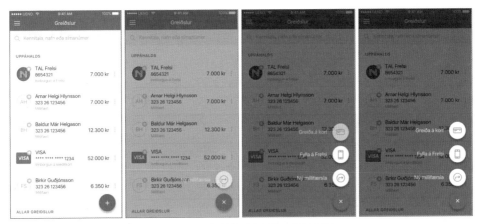

图 5-105　提供操作导向的交互设计示例

3. 为内容赋予动态背景

动画效果应该为内容赋予背景，通过背景来表现内容的物理状态和所处环境。再摆脱模拟物品细节和纹理的设计束缚之后，UI 设计甚至可以自由地表现与环境设定矛盾的动态效果。为对象添加拉伸或者形变的效果，或者为列表添加俏皮的惯性滚动都不失为增加 UI 用户体验的有效手段。

在图 5-106 所示的动态背景的交互设计示例中，以卡片的形式来设计产品的表现形式，并且在界面中可以采用左右滑动的方式来切换不同的产品，当滑动切换不同产品的显示时，整个界面的背景颜色也会发生相应的变化，从而有效地区分不同产品的表现，使界面的表现更加生动、富有活力。

4. 引起用户共鸣

UI 中所设计的动画效果应该具有直觉性和共鸣性。UI 动画效果的目的是与用户互动，并产生共鸣，而非令用户困惑甚至感到意外。UI 动画效果和用户操作之间的关系应该是互补的，两者共同促成交互完成。

图 5-106　动态背景的交互设计示例

　　图 5-107 所示是一个在线订票的交互设计示例，用户选择某电影的某个场次，界面内容向右移出场景，与此同时界面顶部的影视图片变形为银幕的效果，自然切换到选座界面中，选好座位并单击底部的操作按钮，自然切换到确认订票信息并支付的界面，整体操作非常流畅，合理的动画效果应用使界面转场表现更加完美。

图 5-107　在线订票的交互设计示例

5. 提升用户情感体验

　　出色的 UI 动画效果是能够唤起用户积极的情绪反应的，平滑流畅的滚动能带来舒适感，而有效的动作执行往往能给人带来愉悦和快感。

　　图 5-108 所示是一个音乐 App 界面的交互设计示例，将音乐专辑设计成传统的黑胶唱片和唱片封套的形式，当用户需要听某一张专辑时，只需要在界面单击该专辑，专辑唱片就会从封套中以动画形式滑出，再次单击该唱片，切换到该专辑的播放界面中，与此同时在界面中出现相关的其他功能操作按钮和播放进度条，单击"播放"按钮，黑胶唱片在界面中表现为转动的效果，平滑的切换过渡给用户带来流畅感，有效地提升了用户的体验。

图 5-108　音乐 App 界面的交互设计示例

☆ 提示

UI 中的动画效果是用来保持用户的关注点、引导用户操作的，不要为了动画效果而强硬地在界面中添加动画效果。在 UI 中滥用动画效果会让用户分心，过度表现和过多的转场动画效果会令用户烦躁，所以设计师还需要把握好动画效果在 UI 中的平衡。

5.3.2　界面转场交互动画效果表现形式

界面切换动画效果是移动端应用最多的动态效果，连接两个界面，虽然界面切换动画效果通常只有零点几秒的时间，却能够在一定程度上影响用户对于界面间逻辑的认知。通过合理的动画效果让用户能更清楚"我从哪里来""现在在哪""怎么回去"等一系列问题。

1. 弹出

弹出形式的动画效果多应用于移动端的信息内容界面，用户将绝大部分注意力集中在内容信息本身上。当信息不足或者展现形式上不符合自身要求，临时调用工具对该界面内容进行添加、编辑等操作。在临时界面停留时间短暂，只想快速操作后重新回到信息内容本身上面。弹出形式的动画效果演示如图 5-109 所示。

用户在该信息内容界面中进行操作时，需要临时调用相应的工具或内容，这时可单击该界面右上角的加号按钮，相应的界面会以从底部弹出的形式出现

图 5-109　弹出形式转场动画效果演示

图 5-110 所示是一个信用卡还款 App 的交互动画效果设计示例，在界面中单击某个信用卡账单的"立即还款"按钮，当前界面会逐渐变暗，并且在界面底部以弹出的方式显示还款的相关操作选项，还款结束时会显示"还款成功"提示，整个界面的切换过渡流畅而自然。

图 5-110　信用卡还款 App 的交互动画效果设计示例

还有一种情况类似于侧边导航菜单，这种动画效果并不完全属于页面间的转场切换，但是其使用场景很相似。

当界面中的功能比较多的时候就需要在界面中设计多个功能操作选项或按钮，但是界面空间有限，不可能将这些选项和按钮全部显示在界面中，这时通常的做法就是通过界面中某个按钮来触发一系列的功能或者一系列的次要内容导航，同时主要的信息内容页面并不离开用户视线，始终提醒用户来到该界面的初衷。侧边弹出形式的动画效果演示如图 5-111 所示。

App 主要功能还是都集中在一个页面上，侧面弹出调出其他页面的导航入口，但这些次要页面也都属于临时调出

图 5-111　侧边弹出形式的动画效果演示

2. 侧滑

当界面之间存在父子关系或从属关系时，通常会在这两个界面之间使用测滑转场动画效果。通常看到侧滑的界面切换效果，用户就会在头脑中形成不同层级间的关系。侧滑形式的界面切换动画效果演示如图 5-112 所示。

每条信息的详情界面都属于信息列表界面的子页面，所以它们之间的转场切换通常都会采用侧滑的转场动画方式

图 5-112　侧滑形式转场动画效果演示

图 5-113 所示是一个信息内容列表的侧滑转场交互动画效果，当用户单击另一个标签选项时，界面中的内容需要切换为另一个标签选项中的内容，此时当前界面中的列表内容按顺序逐渐向左移出界面，而所切换到的标签中的内容则按顺序逐渐向左移入界面，使得转场的动画效果表现更加真实。

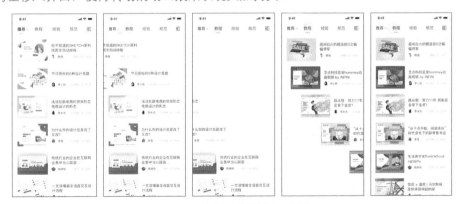

图 5-113　侧滑形式转场动画效果

3. 渐变放大

渐变放大是指在界面中排列了很多同等级信息，就如同贴满了信息、照片的墙面，用户有时需要近距离看看上面都是什么内容，在快速浏览和具体查看之间轻松切换。渐变放大的界面切换动画效果与左右滑动切换的动画效果最大的区别是，前者大多用在张贴显示信息的界面中，后者主要用于罗列信息的列表界面中。在张贴信息的界面中左右切换进入详情总会给人一种不符合心理预期的感觉，违背了人们在物理世界中形成的习惯认知。渐变放大的界面切换动画效果演示如图 5-114 所示。

图 5-115 所示是一个 App 在线订票转场交互动画效果，当用户单击界面左下角的黄色预订按钮后，该按钮色块会逐渐放大切换到订票信息确认的界面中，单击底部的操作按钮，同样从底部按钮逐渐放大切换到支付界面中，从而保持了操作的连续性和界面转场的联系性。

图 5-114　渐变放大的界面切换动画效果演示

图 5-115　App 在线订票转场交互动画效果

4.其他

除了以上介绍的几种常见的界面切换动画效果之外，还有许多其他形式的界面切换动画效果，它们大多数都是高度模仿物理现实世界的样式，例如，常见的电子书翻页动画效果就是模仿现实世界中的翻书效果。

图 5-116 所示的界面转场交互动画效果中，各界面信息内容以卡片的形式呈现，用户可以左右滑动对界面卡片进行切换，在滑动过程中，卡片会在三维空间上显示一定的角度，当选择好相应的卡片后，在该片向上滑动操作时，该卡片会逐渐放大为满屏显示，从而完成界面的切换，整个界面转场交互动画效果表现出很强的空间感。

图 5-116　富有空间感的界面切换动画效果

▶ **5.3.3　制作界面列表显示动画效果**

为 App 界面中的列表添加入场的动画效果，可以使界面的表现效果更加具有动感，为用户带来突出而动感的视觉效果。本节将带领读者完成一个界面列表入场动画效果的制作，主要是通过"位置"属性来实现该动画效果，并且开启图层的"运动模糊"功能，从而使元素位置移动的动画表现效果动感十足。

☆实战　制作界面列表显示动画效果☆

源文件：第 5 章 \5-3-3.aep　　　　视频：第 5 章 \5-3-3.mp4

微视频

素材

Step01 打开 After Effects 软件，执行"文件→导入→文件"命令，弹出"导入文件"对话框。导入 PSD 素材"素材 \53301.psd"，弹出设置对话框，设置相关选项如图 5-117 所示。单击"确定"按钮，导入 PSD 素材自动生成合成，如图 5-118 所示。

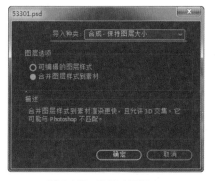

图 5-117　设置对话框

图 5-118　"项目"面板

Step02 在"项目"面板中的 53301 合成上右击，在弹出的快捷菜单中选择"合成设置"选项，弹出"合成设置"对话框，设置"持续时间"为 4 秒，如图 5-119 所示。单击"确定"按钮，完成"合成设置"对话框的设置。双击该合成，在"合成"窗口中打开该合成，效果如图 5-120 所示。

图 5-119　"合成设置"对话框

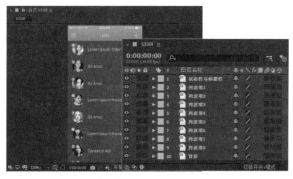

图 5-120　"合成"窗口和"时间轴"面板

Step 03 不要选择任何对象，使用"椭圆工具"，设置"填充"为白色，"描边"为无，在"合成"窗口中按住 Shift 键绘制一个正圆形，如图 5-121 所示。选择该图层，将其重命名为"光标"，按快捷键 T，设置其"不透明度"为 30%，如图 5-122 所示。

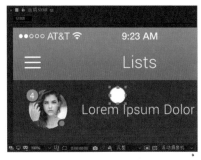

图 5-121　绘制正圆形

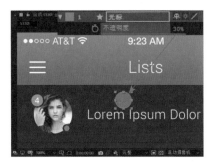

图 5-122　设置"不透明度"属性

Step 04 使用"向后平移（锚点）工具"，将该图层的锚点调整至该正圆形的中心位置，如图 5-123 所示。将"时间指示器"移至 0 秒 04 帧的位置，选择"光标"图层，按快捷键 P，显示"位置"属性，为该属性插入关键帧，如图 5-124 所示。

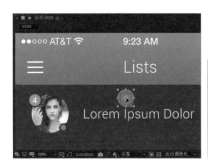

图 5-123　调整图形中心点位置

图 5-124　为"位置"属性插入关键帧

☆ 提示

默认情况下，在 After Effects 的"合成"窗口中所绘制的形状图形的中心点并不位于该形状图形的中心，如果需要对该形状图形制作动画效果，首先需要调整该形状图形的中心点位置，因为所有的变换操作都是基于图形的中心点的，不同的中心点位置会得到不同的变换效果。

Step 05 将"时间指示器"移至 0 秒 14 帧的位置，在"合成"窗口中将该正圆形移至合适的位置，如图 5-125 所示。按快捷键 S，在该图层下方显示"缩放"属性，确定"时间指示器"位于 0 秒 14 帧的位置，为"缩放"属性插入关键帧，如图 5-126 所示。

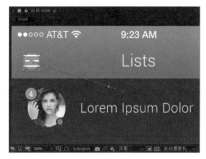

图 5-125　调整图形位置　　　　　　　　图 5-126　为"缩放"属性插入关键帧

Step 06 将"时间指示器"移至 0 秒 18 帧的位置，设置"缩放"属性值为 130%，效果如图 5-127 所示。将"时间指示器"移至 0 秒 21 帧的位置，设置"缩放"属性值为 90%，效果如图 5-128 所示。

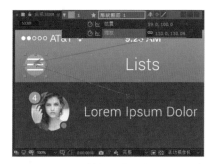

图 5-127　设置"缩放"属性值为 130% 的效果　　图 5-128　设置"缩放"属性值为 90% 的效果

Step 07 将"时间指示器"移至 1 秒的位置，设置"缩放"属性值为 150%，效果如图 5-129 所示。按快捷键 T，在该图层下方显示"不透明度"属性，将"时间指示器"移至 0 秒 14 帧的位置，为"不透明度"属性插入关键帧，如图 5-130 所示。

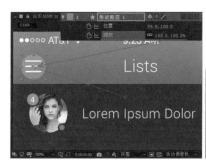

图 5-129　设置"缩放"属性值为 150% 的效果　　图 5-130　为"不透明度"属性插入关键帧

Step 08 将"时间指示器"移至 1 秒的位置，设置"不透明度"属性值为 0，如图 5-131 所示。拖动鼠标同时选中该图层"位置"和"缩放"属性的所有关键帧，按快捷键 F9，为选中的多个关键帧同时应用"缓动"效果，如图 5-132 所示。

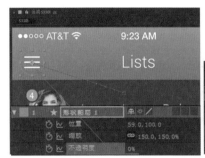 

图 5-131　设置"不透明度"属性值　　　图 5-132　为选中的多个关键帧应用"缓动"效果

☆ 提示

此处通过所绘制的这个小圆点来模拟手指在界面中的操作，单击界面左上角的图标后，界面中的列表项将依次从左侧进入界面，接下来就需要制作各列表项依次进入界面的动画效果。

Step 09 在"时间轴"面板中同时选中"列表项 1"至"列表项 8"图层，在"合成"窗口中将所选中图层的内容整体向左移至合适的位置，如图 5-133 所示。按快捷键 P，在选中图层下方显示"位置"属性，将"时间指示器"移至 1 秒的位置，分别为"列表项 1"至"列表项 8"图层插入"位置"属性关键帧，如图 5-134 所示。

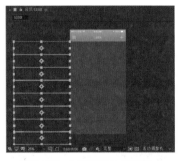 

图 5-133　向左移动元素位置　　　　　图 5-134　插入"位置"属性关键帧

Step 10 将"时间指示器"移至 1 秒 20 帧的位置，在"合成"窗口中将所选中图层的内容整体向右移至合适的位置，如图 5-135 所示。在"时间轴"窗口中拖动鼠标，同时选中"列表项 1"至"列表项 8"图层的"位置"属性关键帧，如图 5-136 所示。

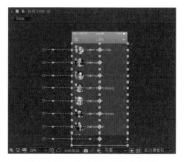

图 5-135　向右移动元素位置

图 5-136　同时选中多个属性关键帧

Step 11 按快捷键 F9，为选中的多个关键帧同时应用"缓动"效果，如图 5-137 所示。目前所有列表项都是同时进入界面，如果想按先后顺序进行，则可以通过调整关键帧位置的方法来实现。选择"列表项 2"图层，同时选中该图层中的两个关键帧，将其右侧拖动 3 帧的位置，如图 5-138 所示。

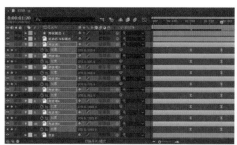

图 5-137　为多个关键帧应用"缓动"效果

图 5-138　拖动调整关键帧位置

Step 12 使用相同的制作方法，分别对"列表项 3"至"列表项 8"图层中的关键帧位置进行调整，如图 5-139 所示。为"列项项 1"至"列表项 8"图层开启"运动模糊"功能，如图 5-140 所示。

图 5-139　分别调整关键帧位置

图 5-140　开启"运动模糊"功能

Step13 完成该界面列表显示动画效果的制作，单击"预览"面板上的"播放 / 停止"按钮▶，可以在"合成"窗口中预览动画效果。也可以根据前面介绍的渲染输出方法，将该动画渲染输出为视频文件，再使用 Photoshop 将其输出为 GIF 格式的动画，动画效果如图 5-141 所示。

图 5-141　界面列表显示最终的动画效果

5.4　本章小结

UI 中各种各样的交互动画效果非常多，但很多动画效果无非是多种基础动画效果的组合，本章则向读者介绍了几种常见交互动画效果设计制作的相关知识，并带领读者完成了几个界面交互动画效果的制作。完成本章内容的学习，读者应掌握交互动画效果的制作方法和技巧，并能够举一反三，制作出更多、更精美的交互动画效果。